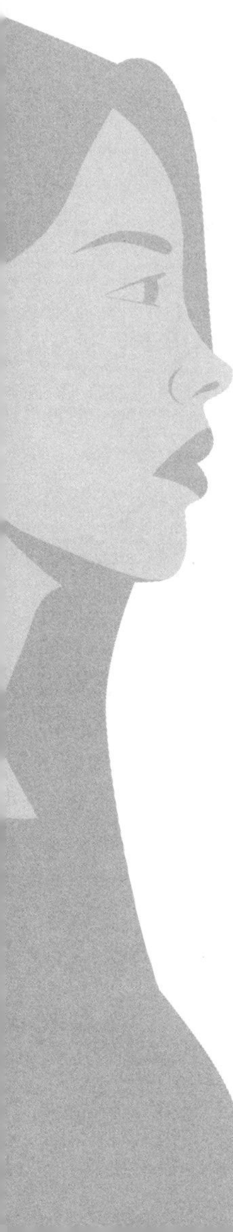

母爱的羁绊

疗愈原生家庭之痛，
做自己生活的主人公

DIFFICULT MOTHERS ADULT DAUGHTERS:

A Guide For Separation, Inspiration and Liberation

Karen C.L. Anderson

[美] 卡伦 · 安德森 —— 著

陆霓 —— 译

CNS PUBLISHING & MEDIA | 湖南人民出版社 · 长沙

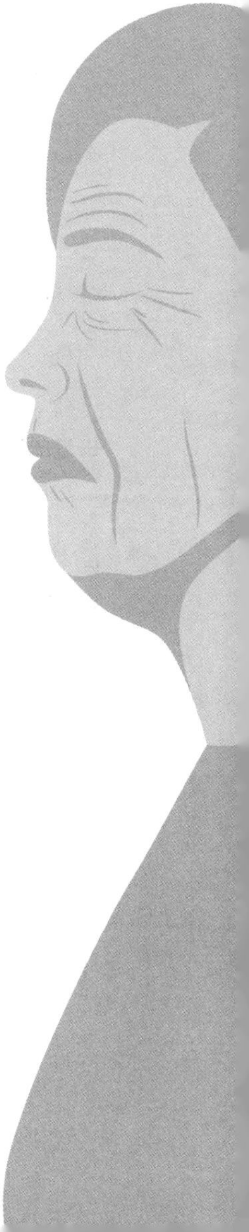

图书在版编目（CIP）数据

母爱的羁绊 / （美）卡伦·安德森（Karen C.L. Anderson）著；陆霓译. —长沙：湖南人民出版社，2022.5（2024.3）
ISBN 978-7-5561-2894-5

I. ①母… II. ①卡… ②陆… III. ①女性心理学—亲子关系 IV. ①B844.5

中国版本图书馆CIP数据核字（2022）第056553号

母爱的羁绊
MUAI DE JIBAN

著　　者：［美］卡伦·安德森
译　　者：陆　霓
出版统筹：陈　实
监　　制：傅钦伟
责任编辑：毛泳洁　张倩倩
责任校对：蔡娟娟
装帧设计：异一设计

出版发行：湖南人民出版社［http://www.hnppp.com］
地　　址：长沙市营盘东路3号　邮　　编：410005　电　　话：0731-82683357

印　　刷：长沙新湘诚印刷有限公司
版　　次：2022年5月第1版　印　　次：2024年3月第4次印刷
开　　本：880mm × 1230mm　1/32　印　　张：9.5
字　　数：136千字
书　　号：ISBN 978-7-5561-2894-5
定　　价：58.00元

营销电话：0731-82683348（如发现印装质量问题请与出版社调换）

本书献给那些因为母女关系不好而痛苦的母亲、女儿，她们都渴望改变现状。

本书献给那些还没有实现自己的潜能与梦想的女性。

本书献给那些活力满满、不失锋芒、享受自由的女性，她们即将闪亮登场。

大女主

大女主平静而祥和，因为她的界限健康完备，无懈可击。因为她清楚地知道自己是谁，处于同一社群中的其他个体都尊重她。她不会让自己受到社群中其他个体的恐惧、焦虑或攻击的影响。因为她的内心稳定、坚实而宁静，所以她知道自己应该去做些什么，并且她做到了。她不需要请求任何人的批准或许可。因为她拥有强大而合适的界限，所以她能在一个受到保护的安宁之地平静地生活和呼吸。因此，她很放松、很平和。她属于她自己。她有一颗坚定的心。

玛莎·贝克

伊丽莎白·吉尔伯特

本书赞誉

对于那些母女关系不太理想的女性来说，这是一本实用性极强且令人振奋的指南！

——克里斯蒂安·诺斯鲁普
医学博士，《女神永远不会老》
《女性身体的秘密》《更年期的智慧》作者

这是一本为女性赋能的书，它思路清晰，有论据支持，并且提供了策略，以便我们从不健康的母女关系中解脱。

——苏珊·福沃德
哲学博士，《原生家庭》作者

祝贺卡伦，她以最富有同情心和最吸引人的方式，触及、拥抱并阐释了这个重要的主题：母女关系。卡伦以一种优雅的、极富勇气的、才华横溢的行文方式，带着真诚和敬意，将自己的故事娓娓道来，她以此作为范本，邀请我们像她一样去勇敢地面对自己的生命故事。因此，我建议每一个在母女关系中处处碰壁、苦苦挣扎的女性，都来读一读这本书。

——吉娜·巴雷卡

康涅狄格大学英语和女性主义理论教授

无论你是否仍然会给你的母亲打电话，这本书都能在生活中激发你的灵感，改变你的生活模式。它能激发我们身上的一系列好特质，比如优雅、接纳、宽恕，并且让我们成为更好的自己 。这本书有魔力，它大大地改善了我和母亲之间的关系。

——劳拉·蒙森

《有一种爱叫我不在乎》作者

当我们了解到，成长过程中发生的事情对我们的思想有多大的影响时，我们就能做出放手的决定了。在这本书中，卡伦为我们提供了具体的行动指南。让卡伦为你指引方向吧！

——布鲁克·卡斯蒂略

人生教练学校创始人

对于曾经有过或现在存在“母女关系问题”的人来说，这是一本很有价值的书。除此之外，本书还有一个好处，那就是其中的策略很可能对你生活中的任何亲密关系都有帮助。

——玛莎·赫德纳尔

Fox Run Green Mountain 总裁兼合伙人

通过诚恳、幽默和务实的指导，卡伦让女儿们在充满羁绊的母爱中得以幸存和成长。

——安·爱米格

《倾听你的母亲》作者

这本令人动容的著作不仅能够改善你与母亲之间的关系，它还能通过感人的故事、有效的工具和绝妙的想法，来帮助你在所有亲密关系中茁壮成长。对于那些一次次地对他人的不良行为忍气吞声，并最终准备做出改变的人来说，这是一本必读的书。要改善你和母亲之间的动态关系，你自己的力量就足够了。

——南希·缪尔黑德博士

临床心理学家

对于领导者来说，这本书蕴含着无比惊人的智慧。通过母亲 - 女儿的视角，作者独特的见解挑战了我们与难相处的人打交道的方式，并促使我们做出有益身心健康的选择。无论是在职场中还是在日常生活中，我们接受的培养方式都影响着我们领导和被领导的方式。本书会促使读者和领导者深入思考有关人际关系的策略。

——布伦达·威尔金斯博士

Soul Powered & BMG Management 总裁

序　言

在我最早的记忆里，有这样一封信，是我写给母亲的。在用潦草的笔迹写出它来后，我赶紧将它藏到了自己卧室里一个小的木制书架后面。像这样的信，有几十封，我都把它们塞进了书架和墙壁之间的狭小缝隙中。

这些写给母亲的信，不是对于奉献和爱的告白，而是愤怒翻滚的咆哮，是泪流满面的忏悔，是我多么希望自己从未出生于这个世上的心声。面对我那严厉的母亲，我并不会直言什么。然而，在她背后，我会任由这些混乱、疯癫、躁狂的思绪一涌而出，全然付诸纸上。

一天，她在打扫我的房间时，无意中发现了这些隐藏的信件。当她一页一页地将这些信纸展开并仔细阅读时，我惊恐万分地僵坐在床角，几乎要窒息了。当她终于缓缓抬起眼睛，她那充满斥责的目光如烈火灼烧，迅速地击穿了我。

她用一把木柄刷子狠狠地打了我，罚我不准吃晚饭，让我饿着肚子回房睡觉。那年，我只有 8 岁。

如果你选择拿起这本书，那么很可能是因为你也有相似的故事要讲。也许你有这样一位母亲，她要么会忽视你，要么会将你吞噬，她也可能是令人失去理智又困惑不解的二者的结合。也许，她会暗暗和你较劲，给你设下陷阱让你失败；也许，你在“本该”是你在这世上最安全的避风港的人那里，感受到的却是被削弱、被低估，以及情感的枯竭与匮乏；也许，你发现自己周而复始地深陷在这些令人失去理智的束缚中，变得越来越混沌迷茫；也许，你觉得自己毫无价值，好像你所做的一切都不够好，皆因你年复一年地使出浑身解数去试图讨好，而讨好的对象却是一个在某种程度上永远无法取悦的人。

因此，在充满了无尽挑剔的喋喋不休中，或者在充满了冷漠与忽视的环境中，逐渐成长为一名成年女性的你，心中可能有一个缺乏自信的巨大黑洞，它伴随你的成长不断变大，让你感到自己是残缺无力的。如果是这样，那么这些感觉很可能会埋下种子，形成定式，让痛苦跟随你一辈子，比如失去力量、自我放弃，或者形成不健康的共依存关系。它们不仅会让你孤立自己，让你的成功遭到破坏，而且会让你无法在生活中和爱情中得到真正的幸福。

如果是这样，那么你来对地方了。

这份感情真挚的指南由才华横溢的卡伦·安德森所著，它将带领你一步一步地穿过迷宫，到达解放的乐土。本书作者曾亲历这条崎岖的道路，并且最终找到了通往真正自由的方向。而现在，在你手捧的这本书中，她满怀爱意地点亮了火炬，指引你跟随她的脚步，找到属于你的方向。

那些发生在你身上的一切，尽管当时并不是你的错，但现在你有责任去改善这种状态。我当然希望仅仅通过支付账单来托付某位专业人士，就能帮助你解开心结，然而，除了你自己，没人能真正将你从自己的困境中解脱出来。在你的困境中，隐含着许多过去创伤的痕迹，你无意识地将这些痕迹从过去延续到了现在。要解决这个问题，关键在于确立坚定果敢的立场，你要拒绝成为自己童年经历的受害者，并能客观地认识到自己原来是如何让这些伤害持续存在并产生影响的。这样一来，你就能开始做出不同的选择。

这其实是个好消息。因为这意味着你现在已经拥有力量，可以从自己的伤心往事中摆脱出来。在那些过往经历中，你认为自己不够好、缺乏价值，或者认为其他的原因，让你的母亲没有像你所期盼、所渴求的那样去爱你。这意味着你可以脱胎换骨，成长为真正的“你”，这意味着你可以不再和你的母亲维系着病态的连接，这意味着你可以清醒地觉察到真实的自我，从而获得解放，过上幸福、健康的生活，并拥有幸福、健康的人际关系。你可以不再纠结于自己与母亲深缠紧缚的关系，以及在这样的关系中被定义的自己，而是拥有以健全有益的品质作为基础的关系，比如相互尊重、骄傲、信任和真正的关怀。

我们知道，至少在理智上清楚，不应该让过往经历限制自己在当下以及在未来的发展和幸福。然而，我们却难以置信地在一个地方重复跌倒。我们总是一次又一次地卷入这样的关系，它们不仅会让我们感到自己能力不足、价值低下，还会让我们感到迷失和孤独。每当这时，我们就像是变回到过去那个瑟瑟发抖的小女孩，被扔回了童年的家中。

这些挫折和绝望可能已经在你的心中根植太深，甚至到了你可能会觉得自己已经无法改变它们的地步。你可能会许下心愿、满怀期望、祈求上苍，希望你的母亲最终能改变，并好好看看现在的你已经成长为一个充满智慧、光彩照人的女性。这样一来，她就能承认你的善良、智慧、勇敢和价值。你没有意识到，如果你秉持着这样的信念，那么你就让母亲掌控着你通往自由的钥匙。

除了这些，我还要告诉你更多的好消息。你的母亲不必为了让你获得自由而做出任何改变，因为让你挣扎的大部分事情和她只有很小很小的关系，甚至可能完全无关。如果你仍在为成为生活中和爱情中有价值的女性而苦苦挣扎，那么这很可能是因为你一直被某个“自我”所束缚，这个“自我”是你的意识为回应母亲的行为而创造的。也就是说，在某种程度上，你被你的母亲投射在你身上的人格形象困住了，并且这个形象经由你自己不断内化，最终让你的生活处处受限。它就是这几十年来，一步一步引导你走到今天这一幕的精神内核。

毕竟，你不仅仅是你的母亲的女儿，你还是你。你是一个自主的成年人，你是由生命的魔力造就的，你是充盈着善良、光明和爱的生物体。你是一个有能力接受过往无论悲喜的经验，并将其转化为智慧、深度和真爱的女性。你现在可以重新定义自己到底是谁，也就是说，除了那个与母亲紧紧绑定的小女孩之外，你还能在一生中为自己创造各种可能。同样，你也可以看到你母亲这个可怜女人的真实面目。她只不过是这个星球上另一个有点脆弱、有点困惑的人，她也在尽力寻找着属于自己的方向。

让这本书成为你最好的朋友吧！将它放在枕边，陪你入眠。每次你准备打电话给母亲，希望与她进行沟通时，都要记得读一读这本书，让它提醒你，你拥有让谈话顺利进行的力量。最后，我鼓励你用书中的这些章节来帮助自己进行自我唤醒，来认识到你是谁，并且意识到你拥有获得健康和幸福的无与伦比的巨大潜能。你之所以是你，不是因为你经历了这些过往并被其塑造，而是因为你就是你。

凯瑟琳·托马斯

凯瑟琳·托马斯是《七周遇见对的人》的作者，她对个人成长领域的贡献是深刻而广泛的。她的工作启发了许多该领域的其他思想领袖，这些前辈都对我的理论的发展影响至深。她对我的工作给予了特别多的支持，因此，我感到荣幸之至，并对她表示衷心感谢。我深深地感谢她所做的开创性工作。谢谢你，凯瑟琳，我由衷地感谢你。

——卡伦·安德森

目录

第 1 章

思想的血脉传承

思想的血脉传承关系是非常重要的。我并非在某天早晨苏醒过来，就灵光一现地写下了这些与你们分享的内容。这本书中的内容其实源于我多年来的工作积累和生活经历。而我的工作就是帮助那些在母女关系中苦苦挣扎的女性学会自我关爱，并且获得成长。

我读过很多相关的书和文章，参加过很多课程和研讨会，也参加过很多培训并拿到了证书，最重要的是，我会不断地将理论运用于实践，并且反复练习。

布鲁克·卡斯蒂略是我最珍视的引路人和老师，他是一位大师级的教导者，也是人生教练学校的创始人。还有兰迪·巴克利，他也是一位人生教练，同时他还是“善良者的健康界限”方法论的创始人。

此外，还有许多其他老师的著作和思想也深深地影响着我。那些我阅读过、聆听过、练习过、参考过并受到过启发的作品来自以下作者：玛雅·安吉罗、布琳·布朗、玛莎·贝克、拜伦·凯蒂、伊雅娜·范赞特、克里斯蒂安·诺斯鲁普博士、沙法丽·萨巴瑞博士、佩马·切德伦、黛比·福特、贝瑟尼·韦伯斯特、林恩·福雷斯特、凯瑟琳·托马斯。

第 2 章

一张小贴士

父权制最大的谎言之一，就在于认为存在“完美”的女性，很明显，这其中就包括母亲和女儿。这个谎言是造成如此多代际痛苦、功能障碍和暴力虐待的原因。

如果你是一个尽心尽力、焦头烂额却被女儿认为“难相处”的母亲，那么，你就获得了一个好消息：你无法通过女儿的认可或原谅，来缓解自己的痛苦。为什么这是一个好消息呢？这是因为，你真的可以不用依赖其他人，就能让自己获得滋养和成长。我对你最大的期待，就是希望你拥有认同自己、原谅自己的能力。

如果你是一个女儿，你的母亲不愿意或不能像你渴求的那样满足你的需要，那么我理解你，并且向你致以衷心的祝福。我猜，尽管你的母亲没有意识到，但因为她没有达到世俗所定义的完美，所以她在内心深处特别害怕自己会被绑在火刑柱上烧死、被溺死，或者被石头砸死（正如字面表述的那样，在几个世纪前，这些酷刑曾真正发生在西方女性身上，在今天，人们用它们来比喻性地形容一些女性的处境）。这是一种集体创伤。

无意识的恐惧和集体创伤可能是导致一位母亲实施虐待、物质成瘾或患上精神疾病的原因……它们也可能会最直接地导致她去压制女儿表达真实自我的愿望。导致这些事件和行为的，可能并不一定是创伤本身，而是一种由创伤引发并持续存在的信念：那些创伤是可耻的，会摧毁我们的人生，因此我们需要将其深深隐藏起来。

你可能想等你的母亲给你道个歉，你也许能等到，也许永远都等不到。或者你可能干脆认为，无论你的母亲再说些什么或再做些什么，她都永远无法消除你的痛苦。

最终，你获得一个好消息：你无法通过母亲的道歉来缓解自己的痛苦。为什么这是一个好消息呢？这是因为，你真的不必等到她道歉就能让自己获得滋养和成长。

如果你认为，你的快乐只有在你的母亲承认错误的情况下才能实现，那么，她就仍然对你有着控制权。我对你最大的期待，就是希望你具备接纳自己、纾解自己的能力。

作为女性，我们拥有无限的集体性的母性能量，包括善良、凶猛、同情和智慧，正是这些能量赋予了我们重新塑造自己的能力。

来，牵着我的手……

不再

自我折磨

自我挣扎

自我憎恨

第 **3** 章

本书的缘起及常见问题解答

我之所以会写出这本书，是因为我也曾经历了很多年的自我折磨、自我挣扎和自我憎恨。而我所经历的这一切，都是因为我有一个关于母亲、我和我们之间关系的故事。但是，我将自己从那个故事中释放出来了，我永远地解脱了。在我所经历过的一切艰难困苦中，这件事是最艰难的，却也是最有回报、最给我力量、最让我获得自由和解放的。

这是一张结业证书，证明我曾经经历过这场修行。

那么，在这场修行里，你可以期待些什么呢？这本书的一部分是现实生活经历，一部分是概念和解析，还有一部分是写作提示和练习，它将帮助你学会应用自己所学到的内容，从而让你在自己的现实生活中不再因母爱的羁绊而内疚、痛苦。

我建议你拿出一个本子，为这项工作专门进行每日记录和写作。

为什么要这么做呢？因为写作是一件富有力量且对你有所助益的事情。将压力事件清晰地、有条理地写下来的做法，不仅有助于你认识、应对和解决它们，而且对你的健康有着积极的影响。

写作还有助于你：

- 澄清你的想法和感受。当你深入阅读这本书时，你就会明白这两者之间的区别。
- 更好地了解自己。什么会让你感受到快乐和自信？哪些情况和哪些人会让你感受到挑战？
- 减少压力。将一些让你不舒服的想法和情绪写下来，这是你释放它们的开始。
- 用更直观、更有创意的方式解决问题。写作可以激发创意和启迪灵感，从而让你得出意想不到的解决方案。

● 整合正在学习的内容。你不能仅仅局限于纸上谈兵，还要在实践中运用好自己的所学所获。

进行这项工作需要充分的勇气。当你读完这本书时，你可能会产生强烈的情绪。你可能会发现，自己感受到了内疚、愤怒或者悲伤，但也得以感受到了喜悦、欢欣和解脱。

无论此刻你对自己的母亲持有何种感受，都是没有任何问题的。尽管在社会、文化和家庭方面，对母亲持有消极情绪是需要避讳的一点，但在这里，你的一切感受都是被允许的，也不会有人对你评头论足。

在这里，进行这项工作的一个关键是，你要秉持着既客观，又饱含同情、欣赏着迷和好奇期待的态度来探索自己，而不是用内疚、羞耻和苛刻的标准来对自己施以冷酷的审查。

作为这份修行记录的开场，请你先仔细考虑清楚，你在这项工作中的主要意图。无论你在自己与母亲的关系中处于何种地位，无论她是健在还是已经永远离开，无论你们时常交流还是甚少联系，都请你仔细考虑清楚，在以下 3 个方面，你希望通过这项学习所达成的效果：

- 你希望在日常生活中获得什么样的感受？
- 你希望与母亲形成什么样的关系？
- 你想要成为什么样的人？你想要如何展现自己——不仅仅是在这段关系中，而且也在面对这个世界时。

这项工作的重心在于你自己而非你的母亲。

常见问题解答

与《如何和平离开难相处的母亲：一本献给女儿的指南》相比，这本书有什么不同？

自《如何和平离开难相处的母亲：一本献给女儿的

指南》一书出版几年来，发生了几件事：我收到了由世界各地的女性提出的成百上千个问题，其中一些问题我已经在博客和工作坊中做出了回答。我已经指导成百上千名女性在她们和母亲的相处故事中获得了改变。我对界限的概念有了更深入、更细致的理解，并主持了包括线下和线上在内的各种形式的“完美界限”研讨会。我与那些希望自己能与女儿建立更好关系的母亲进行了沟通。我在更深层次上对自己的故事进行了探索，并有意识地改变了自己对其中一些故事的认知。

除了《如何和平离开难相处的母亲：一本献给女儿的指南》中所列出的核心概念外，你还可以在本书中找到以下内容：

- 更深刻的个体经验和教训；
- 更多的写作提示和练习；
- 专门设置了一章来记录问题、呈现问题、解答问题；
- 更多用于成长和滋养的资源；

- 由兰迪·巴克利创建的“善良者的健康界限”方法中的整合概念。

除了明显的指标，比如长期冲突、缺乏界限，以及当我想到母亲或者母女关系时，我总是感到焦虑或愤怒，我如何判断自己与母亲的关系是否存在问题？

这里有一些常见的表现方式，它们来自贝瑟尼·韦伯斯特的见解，我在此处使用自己的语言进行了呈现：你不断进行比较，并感到绝望；你感到自己被困住了，被压得透不过气来；你感到自己像个一事无成的后进生；或者，尽管你已经取得了巨大的成就，但你却没有任何快乐的感觉或成就感，你所做出的努力，仅仅只是用来证明自己价值的一些机械操作罢了。也就是说，你可能会遇到以下问题：

- 羞耻、苛责、内疚和绝望；
- 对失败的恐惧；

- 对成功的恐惧（难以置信吧！）：你会认为，如果自己获得成功，那么你反而更难获得他人的爱，因为有人会跳出来反对你，有人会说你只会“炫耀”；
- 对他人不良行为的过度容忍；
- 不断寻求外界尤其是母亲的准许、认可和支持；
- 过度讨好他人，不敢说“不”；
- 将他人的问题大包大揽，并认为自己有责任解决这些问题；
- 自我破坏，尤其是当你接近成功时；
- 暴饮暴食，疯狂购物，滥用一切；
- 试图控制无法控制的环境；
- 长期担忧和焦虑；
- 认为把自己放在首位、爱自己、接纳自己、关心自己，是自私或自恋的行为；
- 从情感上说，认为照顾他人是你的责任；
- 认为自己的愿望和喜好无关紧要；
- 不清楚自己是谁，不清楚自己想要什么；
- 即使你确实知道自己想要什么，你也会认为自己无法获得它或不配拥有它；

- 界限感薄弱，或没有界限；
- 害怕真实的自我表达，害怕吸引他人的目光。

就算你认同其中任何一项或以上所有内容，也并不意味着这是个坏消息。你可能会认为，自己也就不过如此了，毕竟江山易改，禀性难移。又或者，你其实明白这些问题不是一成不变的，但你认为，需要付出的代价可能令你难以承受，因此凭借自己的力量几乎不可能实现改变。此外，你还可能缺乏一个伟大的榜样，一个你想要成为的女人，来让你不断见贤思齐。我以前也有同样的感受，但后来我学会了，更重要的是实践了我在这本书中所阐述的概念。

如果我的母亲已经不在了，那么我还能从这个练习中获得改变吗？

那是当然的！这本书中所包括的课程、概念和练习，与其说是关于如何改变你们两个人之间的关系，不如说是关于你要如何向这个世界呈现你自己的选择。这跟你的未来发展有关，而不仅仅跟你与母亲的关系的改善有关（无论她是否健在）。

我不想和我的母亲交谈、对视、互动。你是否会建议我必须克服障碍，尝试去做这些事情呢？

绝对不会。对一些女性来说，选择让母亲远离自己的生活是最优解。我希望你们能从一个充满爱的、积极主动的、强有力的出发点做出判断，而不是从一个被动的、充满戒备的位置被迫做出选择。

当我还是个孩子的时候，我的母亲曾虐待过我，对我暴力相向。我应该原谅和忘记这一切吗？

无论它们发生在很久以前还是现在正在发生，这本书绝不意味着容忍或允许任何类型的虐待和暴力。我希望这本书能指导你去学习如何以一种不会伤害自己或贬低自己，而是为自己赋能和解放自己的方式，来讲述你所经历过的故事。当你学会了如何建立完美的界限，你就可以阻止一切虐待和暴力。

多年来，我一直听从别人的建议，可是却一无所获。你根本不知道我的母亲有多难相处！

我的工作不是直接告诉你，你应该去做什么，我的意图仅仅是引导你获得充分的底气……来学习如何在自己与母亲的关系中，或自己与其他人的关系中，发自内心地坚持做自己。

你所做的指导和治疗有什么不同？

指导和治疗可以完美地共存，但它们的方法和侧重点是不同的。

1. 大多数治疗是诊断性的，在临床上，治疗的对象是有心理障碍或精神疾病的人。而指导可以起始于治疗完结后，在求助对象状况良好且充满潜能的前提下开始进行。指导不对精神疾病进行诊断或治疗。

2. 治疗的目标是让患者从功能失调状态恢复到健康状态。而指导则可以帮助本身就处于高功能状态的人群提升到一个更高阶段，这样一来，他们的生活可以变得更有意义和更有满足感。

3. 大多数治疗都集中在对过去的分析，即用童年经验来解释当前的问题。而指导关注的是现在和未来，以及你所抱持的信念，即你不需要持续地关注过去，也能感觉到情况正在发生好转，并向前迈进。

4. 在治疗中，治疗师会问许多“为什么”。例如：“你为什么会这样思考、感觉和行动？”但在指导中，教练会问：“你接下来会做什么？”“你想要获得什么样的感觉？”“是什么情况让你的这种感觉发生了障碍？”

5. 治疗通常是一个长期的过程，而指导通常是短期的。

6. 治疗师是在受到严格监管的行业中持证上岗的专业人员。指导师则不是。

7. 在治疗中，人们通常认为治疗师是单向输出的专家，而指导则是一种平等的伙伴关系。

从我自己的经验来看：治疗经历帮助我确认了自己的过往经验与“病理学”之间的关系（“你的焦虑可能源于你那自恋的母亲”），这的确对我很有帮助。但我却只能通过这个结论接受一点，那就是我获得幸福快乐的能力和潜力仍然受到我的母亲的影响。这将是我往后余生中挥之不去的“悲惨现实”。

而我的指导经历告诉我，我可以选择其他方式来过好往后的生活，但我必须为实现它做好充分准备。指导能帮助我对自己的未来负责。当我们把那些看起来遥不可及的远方当作自己追寻的梦想和目标时，这通常就是我们的无意识在告诉自己，这些远方是充满无限可能的。

第 4 章

非黑即白

当你谈起自己和母亲的关系时，你的感受是否存在着某种程度上的非黑即白？你可能会觉得，自己要么应该对她充满防御和抵抗，用拒绝来获得自我保护；要么应该背过身去，让她做她想做的一切，自己假装看不见就好了。

又或者，你可能会觉得，要么应该让自己与母亲的谈话停留在表面的寒暄；要么应该直击要害，让双方情感深处都受到难以抵抗的冲击。

有些时候，你还可能会认为，自己要么应该永远把她拒之门外，各自安好；要么应该永远与她在相看两相厌中无尽纠缠。

这些都不是好的选择。一旦想到这些可能性，你就很容易会感到筋疲力尽。

在我与我的母亲的相处中，我也曾有过类似以上场景中的感觉，并且我还就这个问题与其他许多女性一起进行过探讨。我发现，这种感觉远远比你想象中要普遍。

在最轻微的情况下，这种感觉只是有点让人心烦意乱或者束手束脚。而在最坏的情况下，这种感觉可能充满了激烈而紧绷的张力，会让你感到愤怒得似乎将要血管炸裂，却又虚弱而无助。你只能眼睁睁地注视着这一切，却无能为力。所有这些感受的背后都隐藏着忧伤，也许还有说不出的深深的苦痛。

这些感受伴随了我很久很久。在那时，如果有人告诉我不必如此，那么我会回答说："你根本不了解我的母亲。"这感觉像是一个棘手的局面，根本不存在令人愉快的解决办法。

而现在，我升级了自己的认知。我知道有无限的可能性可供选择，而不仅仅是非黑即白。知道这一点，你会感受到自由、平和，同时，这能让你对做出感觉良好且正确的选择充满信心。当我这么说时，我的意思不是让你做出以你的母亲为出发点的、为了避免冲突或者为了得到她的认可的选择。

因此，当谈到你和你的母亲的关系时，我确信一点：你并不像你所感觉的那样对这一切无能为力，你可以做出让自己感觉良好和自由的选择。

有人（大部分是母亲）指责我，她们说我试图加深成年女性与母亲之间的隔阂；还有人（大部分是成年女儿）指责我，她们说我没有提供让她们在自己与母亲的“无接触”交往中改善关系的策略。

如果你在情感上与你的母亲交缠纠结，或者，如果你的母亲对你冷漠而挑剔，那么这本书就是我为你而写的。在这种情况下，你几乎没有自主权，包括做出知情的、非强制的、非反应性的决定，做你自己的自由，以及远离你的母亲的能力，因为你相信（也许是无意识地相信），你的母亲的意见、需求、价值观和愿望，远远比你自己的重要得多。

或者，在最根本的层面上，你充满担忧：“如果我选择做自己而不是听从自己的母亲，那么会有什么样的未知危险等在前面。”

当你读这本书的时候，我对你的希望是，你要学会在情感上独立于你的母亲，成为属于你自己的女性。

你将开始明白，你唯一需要为之承担情感责任的对象，就是你自己。

你将发现，当你关注自己的价值观、欲望、需求和偏好时，神奇的事情就会发生：在你与母亲的关系中，无论你是否选择与她见面或交谈，你的表现方式都会发生自己从未想象过的变化。

你将不再容忍虐待行为，不再卷入异常的行为关系。

你相信，你将有能力建立并守护好自己的界限，你将不再从一个防御的、被动的角度去负隅顽抗，而是建立起一道坚定的、自信的城墙。

如此，你便和这个世界上其他的所有女性一样，收获温柔和尊重。

我们中的大多数人都认为，像“分离”和“连接”这样的词是具有情感性的。然而，这些词实际上表达的不是情感，而是思想、观点和解释。但当你对它们进行思考时，你便会产生情感。这些词语表达的是你如何对他人进行解读，而不是他们直接赋予了你什么感受。是你的诠释导致了你的感受。

这是一个至关重要的区别，因为如果你用这样的词来描述情绪，那么你将不可避免地体验到无能为力。

当你和你的母亲在情感上纠缠成一团乱麻时，你将会无从下手："我跟她之间的思想和情感从哪里开始，在哪里结束？"

她也许会认为，为了让她快乐，你必须以某种特定的方式进行思考、感受和行动。因此，你就无法得知自己真正的想法和感受，并且无法得知你想成为什么样的人。

你也许有着同样的误解：为了快乐，母亲必须只能以某种特定的方式进行思考、感受和行动。

她也许会认为，基于她的感受，她能从中了解你的感受。你也许同样会认为，基于你的感受，你能从中了解她的感受。

我认为，你们实际上的连接其实有点自相矛盾。但是，你和你的母亲能让更好的关系成为可能：当你们是独立的、自主的，有自己的思想、情感、梦想和欲望的女性时；当你去了解、去爱、去信任自己，同时她也去了解、去爱、去信任自己时；当你能根据你对自己的了解、爱和信任来建立爱的界限，她也能同样如此时；当你们两个都能让对方成为真实的自己，而不管这个真实的自己是好的、坏的，还是丑陋的时。

好消息是，你的母亲不必非要参与你的认知建设过程。她不必完全按照你的方式，或者你认为她应该采取的方式去了解、去爱、去信任自己。

无论她此刻正在经历着她自己的人生旅途的哪一段行程，你与自己的联系越紧密，你就越愿意去与她建立联系。与母亲的情感分离，应该是解决问题的办法和疗伤的良药，而不应该是需要去解决或去治愈的对象。我们不需要与它进行“和解”，因为它本身就应该是平和的。

第 5 章

觉醒

那个场景——我的母亲站在前院，手里举着一封信，她即将要把这封信投入邮箱——在我的脑海中一直记忆犹新。

她举起信，大声宣布："我要和我的母亲断绝关系！"

我那时才20岁出头，而她已经40多岁了。我对这件事一点也不感到惊讶，她和我的外祖母不和一直不是个秘密。我的母亲常常对我说，她永远不会像外祖母对她那样对我。每当我听到母亲讲述她和外祖母之间的故事时，我都为我的母亲感到伤心不已。

例如，我的外祖母常常对我的母亲说："如果我有钱，那么我一定会带你去做整容手术，好好修理修理你的脸。"然而，我的母亲其实早就在她高中的班里被评选为"最美女孩”了。她跟我说了好几遍这个故事，我知道，她在这个故事中受到了深深的伤害。

我的外祖母是个美女，我的母亲也是。和同时期的很多女性一样，她们的容貌决定了一切。她们的美丽容颜和性感身材（但不能太过火）是她们持有的硬通货。一个观念深深根植于她们的大脑：女性只有如此才能生存下来。

我还记得，我第一次是如何感到自己的身体一定有问题的。那时，我八九岁，我在母亲的陪同下去看儿科医生。当我们回到家时，她对我的继父说：“医生说她很胖。”从那句话里，我听到了嘲讽、恐惧和厌恶。

在我 12 岁时，母亲开始让我节食。我现在重读自己高中时写的日记时，能看到里面充斥着自我贬低的残忍句子——我是如何觉得自己像头猪，我又是如何因为自己吃得太多而痛恨自己。

我的母亲和外祖母都很关心我的体重，但当我如今回头再看自己当时的照片时，我所能做的就只是摇头叹息。我其实并没有“体重问题”。我现在相信，当时的她其实是在担心两件事，一件是有意识的，另一件是无意识的。第一，她担心如果她有一个胖女儿，那么别人就会看不起她。第二，她担心如果我有一个肥胖的身体，那么就不会有男人愿意去爱我和照顾我。

作为一个已经成年的年轻女性，我相信在我和我的母亲之间存在着“典型的”母女冲突，但我也认为，我们之间的关系不同于她和她的母亲之间的关系。我的母亲甚至经常说，我们是亲密的好朋友。我知道，她其实是在希望，我们之间的关系不同于她和她的母亲之间的关系。

当时的我并不知道，我和母亲的关系其实并不“亲密”，我们只是相互依存，相互纠缠。因为我们都是单身，所以我们会一起去夜总会喝酒，和那些聪明地暗示我们是姐妹的男人跳舞。她几乎参与了我生活的方方面面，而当我想把一些事情与她分隔开时，她就会受到伤害并表现出生气的样子。因为我在无意识中渴望她的关注和认可，所以我只好按照她所希望的方式行事。

我当时并不明白，我们的关系其实有多么不健康。

让我把时间条快进25年，在2010年底，我也脱离了旧有的母女关系。我没有以传统的方式给她亲笔写信，而是给她发了一封电子邮件。尽管我们渴望建立一种不同的、更健康的母女关系，但我们似乎无法摆脱那些仿佛被雕刻在石板上般无可变更的刻板形态。我的母亲无意识地向我传递了她的态度和行为，我也无意识地全盘接受。而当我开始想要获得独立，与母亲分开生活时，我们的关系就受到了影响。

我要告诉你一些故事，这些故事是导火索，它们让我认为自己有理由与母亲"断绝关系"。在现在看来，那一刻的我觉得自己根本别无选择。我相信与母亲断绝关系，即不再与她交往的做法能解决我所有的问题。

但与理想情况相反，我发现自己在母女关系中泥足深陷。面对任何愿意聆听的人，我都会倾诉自己受到的伤害和隐忍的愤怒，并且向他们事无巨细地展示母亲对我做的错事的细节。支配我这样做的是一种不健康的、无意识的信念，我认为，我是我母亲的受害者。

当我发现这种"受害者信念"时，一切便都能说得通了。在那之前，我一直抵制自己有可能成为受害者的想法，因为在我的家庭里，“成为受害者”是一件让人感到羞耻的事情，是无论如何都要避免发生的事情。我强烈推荐林恩·福雷斯特的作品，尤其是她的《超越受害者信念》一书,从她的作品中我们可以充分理解这一概念,我也会在此列出其中的基本知识。

想象一个倒三角形：三角形底部是受害者，左上角是迫害者，右上角是营救者。请注意，这两个角色都处于受害者的“上方”位置。

当我们拥有受害者信念时，我们会扮演这三个角色的其中之一，一个关键的点在于，你要认识到，在这些角色中，特别是当动态关系中的每个人都是成年人时，没有一个角色比其他角色更为优越。营救者不是那个所谓的正面角色。营救者和迫害者基本上都是受害者的夸张版本。

这种动态关系不仅会在家庭的微观层面上表现出来，也会在世界的宏观层面上表现出来。

福雷斯特提出：“因为受害者认为自己虚弱无力到了

无法照顾自己的地步，所以他们一直在寻找能帮助他们的人。营救者倾向于认为，他们自己的需要是无关紧要的。他们相信，只有在照顾别人的时候他们才是重要的，这意味着他们总是需要去照顾别人。而迫害者认为，这个世界在普遍意义上是一个充满着危险的可怕地方。他们认为自己需要一直进行自我保护，以免遭世界的威胁，因此，如果有人认为他们的自我保护充满攻击性的话，那么他们就会感到愤怒。”

无论你从扮演信念三角中的哪个角色开始，你都会扮演另外两个角色。如果你此时是受害者，那么你就会以感到怨恨开始，为了强力扭转这种受迫害模式，你可能会转向扮演迫害者的角色，你会让自己相信你是在进行自我保护；或者，你也可能会转向扮演营救者的角色，通过照顾受害者来让自己感到自己非常重要。

事后看来，当时我和我的母亲一直在围绕着这个三角形转来转去，我们都扮演过这三个角色。

在我和母亲“断绝关系”后不久，我就成了外祖母的法定监护人。考虑到她的子女们生活在其他地区，甚至其他国家，住在离她大约 90 分钟车程的我理所当然地担起了这个重任。还有一个重要的原因，那就是我的母亲和我的外祖母关系很紧张，她们已经不再往来了。

当外祖母不能独自生活在家中时，我把她转送至了一家专业的护理机构，然后打扫了她的房子，准备将其卖掉。正是在准备出售她的房子时，我发现了一系列在我的母亲 18 岁左右时她和我的外祖母写给对方的信。

我很珍惜那些信件，因为它们让我对母女关系有了更深的见解。这些信件传递的信息，和我这些年来写给我的母亲的电子邮件传递的信息非常相似。其中一些信件记录了一些家常闲谈，其中包括我的母亲和我的外祖母在日常生活中的所见所闻，而另一些信件的内容则充满了愤怒、伤害、指责和困惑。

我甚至找到了那封“我要和你断绝母女关系”的信，我对这封信早有耳闻。

我分享这个故事是为了说明，不管我们说了什么、打算做些什么，我们的行为模式都存在特定的模型，它会以定式模型的形式呈现出来。我不是说我和我的母亲

“断绝关系”是因为她也和她的母亲“断绝关系”了，也不是说我们两人都做过的这件事情是对的或错的。我希望指出的一点是，这种功能失调的定式模型，如果没有被注意到并得到如实承认，那么它就会被传递下去。

我还在我的其他人际关系中看到了这些模式的影响，从我的婚姻关系，到我和同父异母的妹妹之间的关系，再到我和我的继子女的关系——我有时会表现得严厉、挑剔、刻薄，并且有着非常强的控制欲。而在这些时候，我都相信自己是合理且公正的。我意识到，自己这样对待别人的方式，其实就像是我的母亲对待别人以及她对待我的方式……我甚至不知不觉地就从她那里习得了这些方式。冲突是一种常态，我已经将它当成习惯了。

我并不是因为这些定式模型而责怪我的母亲，或者她的母亲。在一种对女性缺乏重视的西方文化中，作为一名女性，她们所经历的是一种无意识的苦难。这种苦难来源于令人痛苦的“你不够好”的评价，以及苛刻的自我判断、自我批评和无价值感。

这种苦难在西方已经流传了几个世纪，从母亲到她的女儿，从一位女性到另一位女性。

尽管她们告诉我们，要“做你自己”，但她们却往往身体力行地教我们成为另一种人：符合标准、形态划一、柔顺乖巧、谦卑依从。如果我们不这样做，那么人们就会指责我们自私或者娇纵。

让我们停下其他思绪，来认真想一想这个场景。在几个世纪前的西方，女性会被绑在火刑柱上烧死，被石头砸死，被淹死，仅仅是因为她们选择活出或者公开表现出了真实的自我。尤其是当人们认为那个自我是邪恶的、神秘的、狂野的、直接的、失态的、太性感的、太瘦的、太胖的、太骄傲的、太聪明的……你应该能看到，这一个一个鲜明的形象。

让时代快进到 20 世纪初的西方，虽然人们不会再通过这些方式残忍地杀死女性，但人们会给她们贴上“歇斯底里”的标签，再将她们扔进收容所里关起来，然后告诉她们这是为了她们好。

在今天，针对女性的谋杀和监禁仍然在这个地球上时有发生；在更多时候，女性是在媒体上受到羞辱、骚扰和威胁。

因此，当我们的母亲、祖母、曾祖母训斥我们，万万不能失去吸引力，或万万不能不结婚时，她们的做法是情有可原的，因为在西方历史中的大多数时候，女性无法仅仅依靠自己就能生存下来。

因此，一代又一代的女性普遍都有两种无意识的相互冲突的需求：第一，我必须是真实的自我……我必须表达真实的自我。第二，我必须保护自己不被烧死在火刑柱上，因此我要挤压和扭曲自己，这样一来，我才能“适应社会”并被认为“表现正常”。

因此，理所当然地，我们的母亲既觉得有必要保护我们周全，又要努力为我们树立独立的榜样，还要努力保护自己，同时不得不“面面俱到”，即保持完美。而在美好之下与之共生的，也许是物质成瘾和精神失常，或者幸运的话，只是嫉妒和生气。

就其本身而言，这种代际传承的痛苦，是母女关系中产生功能障碍的最重要的因素之一。这些信念和模式在我们的生活脚本中以后台模式运行，因此我们通常无从感知其存在。我们只是知道，我们并没有成为自己所希望的样子。我们的关系也并不充实、并不富足。

但好消息是，我们并不是非得全盘接受这些上一辈传下来的东西。这也并不是什么可以拿来责备我们的母亲或父亲或我们自己的把柄，而是需要去理解、去接纳，以及去努力为之做些什么改变的事情。与此同时，我们会开始明白，自己可以在不必非得经受痛苦的情况下努力进行这项工作——这可以是我们做过的最快乐、最笃定的事情之一。

在我诚实面对和清醒领悟这一切运行的机制后，我选择了去相信自己确实不够好，这让我打开了痊愈之门。当我决定不再持有这个信念的时候，我便让这种想法随风而去了。这不仅仅是为了我，也是为了我的母亲、我的外祖母，以及所有相关的人，然后我就能步伐稳健地穿过那扇痊愈之门。

进行这项工作不仅能改变你，也能改变现在和过去的几代人。它还能让未来变得更好。另外，即使你只是为了自己而进行这项工作，这也是完全没有任何问题的。

当我们选择关注并改变自己跟母亲之间的关系时，转变可能就会发生。这种关系曾经是让人疲惫不堪、痛苦不已的负担，但它现在却是让人获得智慧、灵感和安宁的源泉。我们曾经误信自己应该追求无边的快乐，但我们现在却对生活有了更智慧的见解，从而可以清醒地过着有序的生活。我们曾认为自己破碎不堪，急待修复拯救，但我们现在却感知到自己其实是完整健全的，并且我们能好好地生活下去。

为什么你应该诚实而富有同情心地看待你和你的母亲之间的关系？头号理由是，问问自己，你选择从她身上习得什么，以及你要传递什么。如果你的所得不是你的所选，那么你就去改变它吧！

世界和平，确实始于我们每个人内心的平和。

第 6 章

聊聊你跟你的母亲之间的关系吧

这是个经典且老套的问题，对吧？无论是传统的治疗师，还是新派的治疗师，在我因为从减肥到焦虑的各种问题寻求帮助时，这是我所见过的每一位治疗师都会问到的问题。

这个问题还出现在我读过的相关书籍中，即那些关于“有毒的”家庭，以及“坏”母亲的书。

当我向治疗师讲述我的故事，或者当我阅读这些书时，我能意识到自己其实并不孤单，并能感到极大的安慰。但这些见解或经历，都没有给我带来真正持久的自由与平和。这并不是治疗师或这些书籍的错。

虽然了解我们和母亲之间的关系的做法，有助于为治疗师进行病理学分析提供背景，但这并不总能给我们指明一条前进的道路。它其实可能会限制我们的成长和潜力。

得到一个解释，这或许可以让我们松一口气，但它同时也会证实那些让我们感到愤怒、悲伤、痛苦、失望和被动的事实的存在。一方面，我发现，在各种各样的线上“支持”小组中，讲述关于母亲的负面故事，以及倾听其他女性的类似经历，能让我感觉良好甚至十分兴奋；另一方面，这些团体似乎更倾向于为更为弱小无助的我提供支持，而这是颇具讽刺意味的，因为在母亲和女儿之间经常发生这种情况。很多女性都谈到过这个具有共性的问题：只有在她们苦苦挣扎的时候，她们的母亲才会对她们进行关爱；而在她们光彩夺目的时候，她们的母亲则会表现出一系列挫伤她们积极性的行为，从忽视她们到猛烈抨击她们。

我曾有过类似的经历，这让我深深地陷入了一种不健康的“自责”模式，因为我认为自己不应该如此表现。

我的母亲不应该是她所表现出的样子，我不应该是我所表现出的样子，我的父母不应该离婚，过去发生过的所有坏事都不应该发生。

应该和不应该之间，没有自由或平和的空间。

虽然我不喜欢感受愤怒、悲伤、痛苦、失望和被动，但专家、治疗师、支持小组、书籍，以及朋友和家人都在为这些情绪提供支持，因此，我想自己也许确实应该去认真体悟这些不悦的情绪，但我真的不想让它们在我的余生中挥之不去！

治疗、自助书籍和支持小组为我们的痛苦的存在提供了合理性，在我的情况中，这也为我的弱小无助提供了一个合理的支持。但这也在许多女性的无意识中植入了一个信念："因为我的母亲有（在此可以填入任何可能的人格障碍、精神疾病或成瘾问题），所以我完蛋了。"

大可不必如此。

去体悟所谓的消极情绪本身并没有什么错。但体悟的目标并不是永远不再感到愤怒、悲伤、内疚或被动，而是能对这些情绪担负起责任来。（如果这触发了你的消极情绪，那么也请你不要停止阅读。你以后会回来感谢我的。想象一下，我正在对你微笑呢！）因为过去、因为你自己、因为你从未拥有但无限希冀的事情而感到心情沉重，这其实是完全自然的、正常的……甚至是必须的。

然而，这里有一个大大的“但是”：当你长期感受到生气、悲伤、痛苦、失望和被动时，也许你并没有意识到，自己要对这些情绪负责。你认为自己别无选择，是你的母亲逼迫着你被动体验了它们。你发现自己陷入了困境，无法摆脱这种痛苦，因此，你只能一遍又一遍地去讲述这些同样的故事。

如何转换思考情绪的方式？现在的你可能感到有些无从下手，但仔细想想，你其实完全可以共情正在体验悲伤，或者正在处理其他情绪的自己。你的母亲可能曾经没有为你或为她自己做到这一点，但是你可以从现在开始去进行尝试和实践。

有时这会不会让人感到不适或者害怕？没错，的确会。有一段时间，我感到自己完全崩溃了，再也没有办法好起来，我甚至觉得这是天命，仿佛我注定只能过这样庸常凡俗的生活。但是我错了，大错特错。

第 **7** 章

你的故事是什么

关于母亲的故事，许多女性都有她们自己的版本。她们用这些故事来定义自己、限制自己、责备自己、羞辱自己，并且以此为中心。但是，这些故事在表面上似乎与母亲毫无关联。

这些故事通常看起来或听起来是这样的：

- “我还不够好！”
- “我得不到自己想要的东西。”
- “我想要什么并不重要。”
- “我不知道自己到底想要什么。”
- “我希望有人能告诉我该怎么办。”
- “我很迷茫。”

- “我对此感到束手无策。”
- “我压力太大了！”
- “我以后会照顾好自己的。”
- “我算个什么东西？”
- “我不会拒绝。”
- “我是个控制狂……我就是这样。”
- “如果我不这么做，那么她就会生气的！”
- “她把我给气坏了！”
- “我还有多少任务得完成啊？”

这些都不是坏消息。这并不意味着你软弱、可怜或者是个失败者。这也并不意味着你现在无法成为一个了不起的、有力量的女性。这仅仅意味着，在你的大脑中有一个循环的信念模式，换句话说，在你的大脑中有一个故事。

你可以审阅你自己的故事，让自己从中解脱出来，这样一来，你就有机会成为一个自主独立、坚韧不拔的女性，并回归到你原本应有的样子。你将可以在你的意识中将每个感觉良好的时刻记录下来，并可以让自己不断练习如何用正向的方法行事，最终，这些意识和实践都会成为你的一部分。

布琳·布朗说：“拥有我们自己的故事，热爱我们自己，这是我们将要去做的最勇敢的事情。”

我曾经认为，拥有自己的故事意味着一点，那就是向任何愿意聆听的人毫无保留地倾吐所有关于母亲对我的所作所为。当我读到布朗的这句话时，我很想知道她为什么说这是件很勇敢的事情，因为我觉得自己并不勇敢。我通常只会感受到自我平反和内疚难过糅合在一起之后产生的复杂情绪。

我那时并没有意识到，真正拥有自己的故事意味着什么。但当我意识到这一点时，我开始理解布朗的意思：这是我们将要去做的最勇敢的事情。

那么，到底什么是故事呢？我是这样区分的：我们对发生的一些事情，特别是对与母女关系有关的事情赋予意义，这就是故事。

对于我们自己的故事，关键在于我们讲述它们的方式，以及我们从中获得的意义。归根到底，是人类创造了意义。因为意义伴随着我们对往事的追忆和回味而来，所以往事既可能成为阻碍我们前进的因素，也可能成为支持我们成长的因素，这取决于我们对它们进行解读和赋予意义的方式。我们的故事都存在着这种两面性。

大多数女性都会讲述自己与母亲之间的故事。有些故事来自她们的童年记忆，有些故事则是最近发生的事情。以下是我的来访者向我讲述的一些故事：

- “她虐待我。”
- “她是个酒鬼。”
- “她很沮丧。”
- “她忽略了我。”
- “她是个自恋者。”
- “她取笑我。”
- “她总是破坏节日气氛。”
- “她总是迟到。”

…………

以下，是我用来讲述我自己的故事的方式：

在我3岁时，我的父母离婚了。母亲又嫁给了一个酗酒成性的人，他们两人终日都处于醉醺醺的状态。他们会虐待我，也会相互殴打对方。我就是在这样一个充满混乱和暴力的家庭中艰难长大的。

母亲对我有着极强的控制欲，即使我并不是真的超重，她也会逼迫我进行节食。她还嫉妒我。随着我年龄的增长，情况也随之变得越来越糟。

她是一个毫无界限感的人，但由于我不知道自己到底应该是个什么样子（因为常年处于她的控制之下），我只好让母亲继续管理我的生活。每次当我试图打破那些常年在她控制下形成的习惯模式时，她要么会拼命把我拉回原有的轨道上，要么会狠狠地恐吓我、斥责我。我从不敢在没有经过母亲同意的情况下擅自采取行动。哪怕当我尝试做一些自己喜欢的事情时，她也会对我加以批评。

进入中学后，我突然开始暴饮暴食，体重也因此激增。当时我的情绪状态一塌糊涂。我一边因为母亲让我变成这样而愤怒，一边又只能忍气吞声地当她的受气包。我也不想这样隐忍卑微，但我必须保护自己。可以说，我几乎没有自尊，我的生活因为我的母亲而变得糟糕透顶。

几年前，我终于把她从我的生活中剔除了。当时我想，这下一切都该简单多了吧！然而事实并非如此。我会被自己的内疚感反复折磨……除此之外，我还有一些恐惧。但在大多数时候，灼烈通红、意欲沸腾但又无力发泄的疲软的愤怒，在我心中交替纠缠，上下翻滚。

你可能会说："卡伦，在经历了这些之后，你当然有权利生气啊！你当然有权利去按照你想要的方式来体会自己的感受啊！"话是这么说没错，但在我生命中的某个时刻，我只能做一个无力且无能的受害者，我别无选择。因此，我的这个故事并没有赋予我力量。我的这个故事只是让我继续深陷在自己的困境中，继续难以自拔。

我到底应该如何是好呢？因为我持有这些无意识中的痛苦信念，所以我会在自己的故事中告诉自己：

“我无能为力。”

“我应该感到羞愧。”

“我不知道自己想要什么。”

“她知道什么是最好的。”

“做我自己是不好的。”

“我的身体有问题。”

“我想要的任何东西都属于母亲。”

“我很笨。”

“我不负责任。”

“我不能做到更好。”

“我很无助。”

“我真可怜。”

“我太累了。”

“我太胖了，裤子拉链都快拉不上了。”

“我永远赢不了。”

“我不能照顾自己。”

“我无法信任自己。”

“我无法信任母亲。”

“除非我按照母亲的意愿行事，否则我就是个十恶不赦的混蛋。”

“我很自私。”

“我的感觉是不真实的。”

“我不知道自己的真实感受。”

“我应该关闭我的感情通道。”

以上就是我告诉自己的，关于自己的信息。

接着，勇敢的部分来了：是我让自己陷入这样的处境的。是我在这个故事中赋予了这些痛苦以意义，并且让自己因此而受伤。

这可能是我从自己的经历中学到的东西。这也可能是我从母亲和外祖母那里耳濡目染后习得的。这种感觉可能始于，一个本该爱我的人，却对我做了些和爱的意义完全相悖的事情。

但我完全不必将这一切内化，也永远不必把它强加给自己。这些消极的意义不会为我的生活创造可能，也不会为我真正能去实现的一切创造可能。当我内化了这些意义的时候，当我以此为标准一条条比对自己的时候，我深深地为自己感到羞愧。即使是现在，当我仅仅是写下这些有关当时情境的语句的时候，我也能感觉到脸上那因为羞愧感而烙下的针扎一般的疼痛。

你要问我然后？然后我就意识到了，自己其实是多么强而有力。我将其称为我的“哇呜－哎哟”时刻。

这是我自创的一种时刻，它深深地嵌在我的心灵和细胞里，我用它来表达在思绪和情感的作用下，我对自己生活的体验方式。无论何种体验，无论它是好的、坏的，还是丑陋的，比如痛苦、欢欣、内疚、羞耻、苦痛、狂喜、爱、悲伤等，我都照单全收。

首先，是我的“哇呜”时刻！

我创造了快乐！我制造了痛苦！我不必依赖任何人！我不必责怪任何人……甚至我自己！快看呀，看我有多强大！还有什么是我不能创造出来的？“哇呜！”

接下来，是我的“哎哟”时刻!

等等，什么?! 我对自己做了什么? 还有……如果我有那么强大，那意味着什么? 所以我现在要对什么负责?!

事实是这样的：我现在已经不可能去否认自己强大的创造能力了，因为我的所见所思让我真真切切地感受到了它们的存在，我已经无法对其视而不见，或将其当成过眼云烟。

我花了数年时间接受治疗，更不用说我花了多少时间自行阅读那些关于无爱母亲和自恋母亲的书籍了，我沉浸在自己的悲伤故事中，持续地感到困顿和无助。因为我的过往经历留下了太深的烙印，所以我绝望地坚信自己根本无法做出任何改变。

但是，这项工作不是要揭开你的伤疤，挖掘你的过去，让你在悲伤的故事中泥足深陷。它是要教你以自己现在所在的位置作为起点，步履轻快地开始一段欢欣的旅程。你必须这样做!

尽管如此，但我能理解你的难处。我知道你的过往经历，那些与你的母亲有关的问题可能会一直追溯到你出生的时候，甚至更早之前。我也能感觉到，对你来说，这些问题是影响深远、坚不可摧的存在。当我们的身上存在着与母亲有关的问题时，我们会倾向于采用一种“我不够理想”的人格面具来进行角色扮演，因为它能以一种扭曲的方式来保证我们的安全。这个人格面具让我们允许自己去依赖他人，让我们允许他人对我们进行支配，并让我们相信，通过这种方式，我们就能得到那些我们所希冀的“爱”，比如母亲的认可。承认并尊重这些存在的问题，以及承载了这些问题的故事，对解决这一切非常重要。

V一种思维方式

如果你正在经历苦痛的折磨，那么你为自己讲述的故事其实并不是“真相”。

V一种写作框架

从挑选一个特别的例子开始，这个例子必须和你的母亲相关，也必须是引起你痛苦的导火索。然后……

1. 尽可能多地写下关于这个例子或情况的细节。在这个过程中不要进行自我审视。写下你的母亲做了什么，或没有做什么；她应该做些什么，或她不该做些什么；如果这些事情发生了（或没有发生），那么你的生活会是一种怎样不同的情况。把上述这些全部写下来，然后清空你的头脑。

2. 把上述材料简化为干干净净的事实本身，不加任何意见和判断。举例来说，可以像这样：我的母亲说______________。

3. 扪心自问，你对这个事实赋予了什么样的意义，这种意义对你来说又意味着什么，并将其写下。

4. 当你在思考第 3 步中的内容时，你的感受如何？

5. 现在，写下当你有这些感受时，你会做（或不做）的事情，换句话说，你会用什么行为举止来向外界表现当下你的感受。

6. 描述一下，这些情况导致你现在的生活看起来是个什么样子。

7. 尽可能简短地总结你的故事。你可以参考下面的框架来进行整合：

我的母亲说________。这让我觉得自己是（一个）____________。这让我感觉到______________，因为______________。当我拥有这样的感受时，我想到了____________。同时，我会做______________来表达我的感受。结果，我的生活___________。

一项实践练习

原谅自己曾说过的那些不真实的自我评价。想象一下，让那个故事随风而逝会是一种多么美妙的感觉！

以此刻为起点，作为一个感情成熟的女性，而不是一个小女孩的你，现在可以开始重新定义你是谁。你想为你自己和你的生活争取些什么？在这里，要注意区分一个问题：不要在不知道自己到底想要什么的情况下，为了反对而反对，即强调你不想要什么、你不想成为什么样的人。当你对自己想要什么有了一个清晰的定义后，你就可以开始从好好爱自己的立场出发，开始建立界限，这样一来，你便不用只能被动地对外界刺激做出消极的防御反应，同时，你也不用只能小心翼翼地围绕着避免负面经历来构建你的全部生活。

第 8 章

做勇敢、清醒的创造者

我曾经对一个年轻女性开展过辅导工作，就像以前的我一样，她成长在一个混乱且充满暴力的家庭。她告诉我，她自己已经习惯了混乱不堪和对此做出消极的反应，她甚至觉得这样做能给她带来安全感。她为此感到非常挫败，因为她渴望健康而平和的日常生活。

当她意识到这一点，并立刻花了些时间将其记录下来时，她渐渐停止了被动的反应，并开始做出主动的回应。

她创造了一个觉醒的时刻，她也同样创造了一个平和的时刻。

然后，情况又反弹了，她重新回到了混乱和挫败中。

这是很正常的。毕竟我们都是人类。当我们的大脑习惯了一种存在方式后，当一种新的存在方式被引入时，大脑会倾向于恢复到它们原本习惯的状态。

对于我们这些在混乱中成长起来的人来说，混乱就是一种可以让我们感觉到正常和熟悉的存在方式。

但是，在引入了勇气、奉献、创造力等新的存在方式后，我们也可以从被动、受挫的女儿转变为有耐心的、平和的女性。尽管我们也许会时不时陷入被动和挫折，但我们也正在经历脱胎换骨的过程。

在那些被动和挫败的时刻，哪怕只是很短的一会儿，我们也可以把手放在心口上，试着去有意识地呼吸。

我们可以有意识地为自己创造平和的心境：将手放在心口上，是一种可以让杏仁核迅速平静下来的简单而快速的方法。杏仁核就是负责战斗、逃跑和冻结反应的“蜥蜴脑”。有意识的创造力（产生于前额叶皮层）是恐惧（产生于杏仁核）的对立面。

你越是有意识地增强自己的觉醒状态，你就越能意识到自己现在所拥有的选择权，以及你自主偏好的倾向性——你就能将你偏好和喜爱的东西在创造实践中实现。

有时候，你喜欢的事物会和你无意识中创造出来的东西有很大区别。有时你会感受到挫折和尴尬，有时你会无法跳出自己的消极想法。我要说的是，这项工作并不是说要你在面对所有的倒霉事时，也要一直保持“傻傻的快乐”，那是治疗慢性焦虑症的处方。

你的力量在于你知道，在任何时刻，无论是制造出了混乱，还是创造出了和平，你都能安之若素。你的力量在于你知道，你自己是这一切的创造者。

你可能会对自己说：“但我不应该给自己制造混乱！我应该创造和平！”但是，与其为已经创造出的东西苛责自己，不如去探索还有什么积极的可能性。

一种思维方式

当你还是个孩子的时候，你无法像现在这样，拥有如此多可能的选择。在你小时候，那些你所接受的塑造你的力量，是当时的你无法抵抗的，但是，现在的那些力量远远不及你如今所拥有的有意识的头脑那么强大有力。

V一种写作框架

你想要创造什么？请你花15分钟，用意识流的方式写下你想创造的所有东西。没有标准，没有局限。你可以创造事物、情感、存在状态、人际关系……不要用任何标准来约束你自己。

V一项实践练习

从清单中挑出几个选项，并练习去对它进行创建。想想这么做的结果，然后问问自己："为了得到好的结果，我需要采取什么行动？"然后再问问自己："为了采取行动，我需要有什么样的感觉？"接着再问问自己："为了获得这样的感觉，我需要拥有什么样的信念？"如此依次推进，这样一来，你就能有意识地进行创造。

第 9 章

如何摆脱负面情绪

加博尔·马泰博士说："创伤的本质是我们与自己的分离。从另一个角度说，经历创伤并不是可怕的事情，可怕的是久伤不愈。创伤意味着身体上或情绪上的分离。因此，真正的问题在于：'我们是如何经历分离的，而我们又能如何得以重建连接？'因为需要相互连接是我们的天性。如果这不是我们的天性，那么人类族群就无法形成。如果不根据它们的身体需要采取行动，那么人类或任何物种就都无法进化。"

感受到愤怒、悲伤、沉重、痛苦、内疚或其他无数情绪的最大意义在于，这证明了你是一个正常的、功能完备的人。你没有任何需要修复、关闭或控制的东西。你不是一个有问题的人。

第一次训练可能会带来一些强烈的、不适的或者不受欢迎的情绪。当这种感觉出现时，我们往往急于去摆脱它们。这意味着在“采取行动”时，我们会不自觉地禁止自己进行完全感受和充分表达，最重要的是，我们无法看到这些完整的情绪和感受其实在试图教会我们些什么。

我们通常倾向于认为，如果我们允许自己去感受痛苦的情绪，那么这种情绪便得不到疏解，从而会逐渐占据上风，最终对我们形成压制，并操控我们。而实际情况恰恰相反。当你能为痛苦的情绪腾出专门的容纳空间，积极地接受它们，并且不急于去改变它们时，你将会学到一些自己之前不了解的东西。

那么，什么是情绪?

情绪是运行的能量，这种能量会在我们的身体中产生震动，从而让我们能切身感知到和体会到它的变换。通常，我们会用一个词来描述它所变换到的不同状态。欢欣是能量的一种震动状态，愤怒是能量的一种震动状态，悲伤是能量的一种震动状态，恐惧也是能量的一种震动状态。

情绪不是思维或想法。它们既不是冗长的、模糊的概念，也不是意见或判断。

情绪在我身体里的感觉，可能与它们在你身体里的感觉不同。

有时候，情绪的震动是令人不适的。但我也学到了一点，那就是允许自己去感知和体会这些令人不适的情绪，不会使自己或者其他人受到任何伤害。地球不会因此裂开把我整个吞下，我也不会因此化作漫天血花。

但是，不加考虑地凭感情行事是另一回事。

虽然情绪本身不是思维或想法，但在绝大多数情况下，它们是基于身份、信念和意识产生的。当某种特定情况发生后，我们的大脑会迅速评估发生了什么，并赋予其相应的意义。这些意义会让我们产生相应的情绪。所有这些都是在瞬间发生的，通常我们都不会意识到这个过程。

这里有一个相关的例子。几年前，母亲给我发了一封电子邮件，问我一个关于外祖母的信托财产的问题。

我立刻暴跳如雷。我之所以生气，不是因为她发了一封电子邮件，并且问了一个问题。我之所以生气，是因为我对她提出的问题赋予了特定的意义。在这种意义中，我是一个无能、愚蠢、懒惰的人。我会在接下来的章节中详细介绍这封电子邮件的内容。

这个过程中的工作原理是这样的：某些事情发生了，我们经过思考，将其赋予了意义。瞧，感受就是这样被产生出来的！我们越是频繁地去重复这些想法和感受，大脑中负责情绪处理的路径，就越倾向于自动地在二者之间建立直线连接，这会逐渐成为我们大脑的一种习惯，因为大脑喜欢高效地对数据进行处理。

你可曾考虑过，去感受你的感受的做法意味着什么？你可曾考虑过与你的感受进行和解？要做到这些之所以令人感到如此困惑或困难，是因为我们习惯于在无意识的情况下，直接根据情绪的判断行事。

之所以会这样，是因为没有人教导过我们如何去觉察或关注自己的情绪。人们甚至会从另一个方向对我们进行教导，那就是忽视、抑制甚至不信任自己的情绪。

但事情是这样的：每个人都有能力和意愿，去真正地感受人类的每一种情绪，即使是那些消极的、令人不适的情绪。我们的身体被设计成天生就能对所有这一切进行感受的样子。因此，我们理应有能力在不伤害自己的情况下，去感受所有的情绪。我们的身体不仅非常善于感受情绪，而且效率惊人。

吉尔·泰勒博士的故事也许能给你带来一些启发。作为一名中风患者，泰勒博士在她的著作《左脑中风，右脑开悟》中提到了一件不同寻常的事，那就是她在中风后无法控制自己对情绪的感受。尽管泰勒失去了控制情绪的能力，但是她始终保持着对人类思维的好奇心。她在自己的案例中发现，一种不受抑制的情绪可以持续90秒左右。

我们能感受到爱意的绵延波澜，悲哀的重如山倒，以及怒火的翻滚喧嚣。然后，这些强烈的情绪会逐渐消退，让我们得以有空喘息。当然，它们还会卷土重来，但只要我们能顺其自然，它们就会再次逐渐消退。

但有时，因为我们害怕去体察某种感受，或者因为我们认为某些情绪是不好的或错误的，所以恐惧就会加剧这些令人不适的情绪，使不适感不断放大。当我们竭力抑制愤怒时，我们就会制造出更多的愤怒。我们因为自己的愤怒而感到生气，我们因为自己的担忧而感到焦虑，我们因为自己的仇恨而感到厌恶……在告诉自己不应该感到痛苦时，我们反而给自己平添了更多的痛苦。我们不想有那种不适的感觉！

同样地，因为我们给愤怒或嫉妒等情绪赋予了大量负面的含义，所以我们往往会花费更多的时间来避免、填补、疏导和合理化这些情绪，这样一来，我们就不必去感受这些情绪，因为我们认为它们是不好的、令人不适的。

现在，请你想想对情绪进行抑制和任其上下波动的区别。想象一下，你将经历一种让自己感到不适的情绪，比如惊恐或恐惧，但你只会经历两分钟的时间。两分钟结束后，你就能让其停止。对情绪的单纯体验让你感觉如何呢？没有回避、抵抗、麻木，你在这个过程中注意到了些什么？

这就是我所说的全然感受情绪的意思。是的，这需要练习，但这个练习过程是很有趣的。

你越是尝试着去感受自己的情绪，你就会从中学到越多。更令人感到欣喜的一点是，当你越是专注于感知自己的情绪，它就会消失得越快！而你练习观察情绪和感受情绪越多，这个过程就会越容易。

我认为，如果你的身体有能力去感受所有的情绪，那么所有的情绪就都是有意义的，就都是值得去感受的。所有情绪都是非常有用的，因为它们会试图向你传递信息，也许还能给你好好上一课。

现在，让我们谈谈如何正确表达情绪，包括语言表达和非语言表达。

看着小孩子表达情绪是很有趣的一件事。假设一个蹒跚学步的孩子摔倒在地板上，他可能会因为愤怒或心烦意乱而踢腿、甩胳膊。他所做的一切都是让他的身体感受并表达情绪；当他感到难过时，他会号啕大哭，小小的身体不停地抖动；而当他哈哈大笑时，他也会用全身的动作来表达他有多么快乐！然而，西方的文化和世世代代的家庭观念教育我们，有些情绪是不好的，至少某些情绪的某些表达是不好的、是错误的。

例如，我们会教导小朋友，杂货店的地板不是表达愤怒的最佳场所。与此类似，在一些时候，我们会了解到，有些人不喜欢我们表达某些情绪的某些方式。如果我们想得到这类人的关注、爱或认可，那么我们就会很快学会停止表达这些不被爱的情绪，甚至完全停止去感受它们。而另一些时候，当我们看到某人，比如我们的母亲进行了某种我们认为不好的情绪表达，我们也会决定不要像他们一样！

那么，你应该如何去正确地表达情绪，尤其是正确地表达那些你感觉到危险的情绪，比如愤怒呢？重要的是要记住，感到愤怒或其他所谓的消极情绪，不会让你成为一个坏人或“未进化完全”的人。你永远不要去居高临下地审判自己的感受和情绪。只有当我们因为类似愤怒这样的情绪而拿起刀子捅伤别人，或者大声尖叫的时候，情绪才真正变成了问题。面对情绪，用足够的时间去感知和体味其应有的痛苦，并平和地任其起落，是自然而然的一件事。但若用情绪作为伤害他人的理由，却是万万不可的。

那么，在现实生活中，我们到底应该如何把握这个度呢？我将在此用自己生活中的一个例子进行说明。

不久前，我的丈夫和我发生了一场小争执，双方各执己见，我们都坚定地捍卫自己的立场，这让争吵逐渐升级为高声对峙。这对我们来说是很不寻常的。我很快就注意到，自己有些怒气正在不断增加。但我也同样很快意识到，这些愤怒与我们正在对峙的话题本身无关。这就是为什么我会坚持进行大量练习。而就在不久前，像这样情绪上的波动会让我突然失去理智，我会因为感到愤怒而完全失控。

首先，你要感知情绪的震动。专注于它感受起来如何，让自己去充分感受它。

然后，你要向自己承认："我很生气，我气坏了，我为此感到很受挫。"继续感受自己情绪的震动，并且开始用一种令你感到舒适自然的方式做出一些动作。当我生气时，我喜欢跺跺脚，并上下摆动手臂。在我和丈夫的那场争执中，我选择伴随手机上大声播放的激烈音乐外出散步，一边用力甩着手臂，一边低声偷偷抱怨。有时候，我会选择在自己家地下室里跺着脚大喊大叫；有时候，我会走到外面，朝着没有人的地方扔石头并大声呐喊。如果你需要哭泣，就放声大哭吧；如果你需要尖叫，就放声大叫吧；如果有用的话，你还可以暴捶枕头、散散步，甚至大声咒骂，或者扔石头。就让情绪顺其自然地持续吧！这种情绪，或者这种在你身体中运转着的激烈能量，将会开始自然消散。它的消散有可能会非常迅速，这取决于它的积怨程度。

接下来，你要对自己刚刚经历的事情保持好奇和着迷。问问自己，你的情绪给你传递了什么信息。与最强烈的情绪一样，信息通常来自过去。这种感觉并不是最近获得的，它是一种积怨已久的情绪，我们在过去的经历中不断地对其进行堆叠和累积，它已经满得要爆炸了，而现在它在一些事件的触发下，瞬间喷薄而出。但也正是如此，我们现在有机会去改变它。

最后，你要对自己的情绪负责。这一步看起来似乎是违反直觉的。一开始，我可能会想：“等等，明明是丈夫让我生气了。他根本没在听我说了些什么，他也完全不认同我的建议。”但事实是，我的愤怒仅仅是我的愤怒，而不是他的。我才是自己愤怒的感受者，我也同样是那个要负起责任，从而将愤怒以安全的形式表达出来的人。

这并不意味着我会结束和丈夫的沟通，自己将脾气发完就算了。我所做的，是在充分感受和处理完自己的愤怒后，让自己能平和地与丈夫讨论这个问题，而不是去责怪他。

因此，你可能会想：“等等……下次我生气的时候，我应该记得所有这些步骤，并强迫自己逐步完成吗？”当然不是。这些并不是马上就能自然而然地且自发自动地发生的。这是一个可以让你逐步完善的练习过程，而不是必须按部就班或者机械遵循的完美程序。这种方法会让你逐渐深入感知，并慢慢试着将其表达出来。一步一个脚印，尝试着前进吧！

你在母女关系中所经历的那些不好的、不适的情绪并不一定会消失。它们肯定不会完全消失。然而，你可以通过学会以不伤害你的母亲或者你自己的方式，来正确地感受和表达它们。你将有能力“行使”你的情绪。

这不是一本简单到让你读完，放下，然后发现你所感受到的一切都“很开心很乐呵”的书。没有什么比这更离谱的了。但是，这是一个对你有帮助的过程。在这个过程中，你能使自己的情绪变得流畅；在这个过程中，通过理解你的情绪实际上来自何处，你可以制定安全管理它们的方法。

让自己一路感受自己的情绪，是重新照顾自己的终极行为，你要为自己保留空间，因为你的母亲或许不能或不会这样做。

一种思维方式

逃避、忽视、抵制、填塞、分散注意力、不信任或合理化情绪的做法会使不好的情绪进入无意识，并成为难以根治的慢性病。这就是你用自己的情绪进行自我伤害（有时也伤害别人）的方式。抱怨、沉溺和反复咀嚼疼痛其实只是抵抗情绪的另一种方式。真切地去承认和感受某种情绪，比起只是嘴上说“我已经恢复状态了”，更为深刻有益。

一种写作框架

- 你现在感受如何？
- 你如何知道自己正在感受这一切？
- 这些感受出现在你身体的什么部位？
- 这些感受是什么颜色的？
- 这些感受是硬的还是软的？
- 这些感受是快的还是慢的？
- 关于这些感受，你还能说些什么？
- 这些感受会让你做出什么反应？
- 你对这些感受有哪些判断？
- 你为什么会有这些感受？
- 是什么想法导致你有了这些感受？

∨一项实践练习

了解各种情绪在你体内所产生的感受，然后集中注意力去体会它们。在不做任何事或不说任何话的情况下，请你练习让情绪随着呼吸自由地起伏震荡。

∨其他写作框架

回想一个你认为母亲让你产生了负面情绪的场景，然后写下她做了什么或说了什么。

● 描述一下，她是如何“让”你获得这种感受的。

● 描述一下，你为什么认为她有能力以这种方式，给你制造这样的感受。

● 描述一下，如果不受母亲的影响，那么你此时会是什么样的感受。也就是说，如果她没有“让”你获得这种感受，那么你会有什么样的感受？

● 在你看来，是什么样的思维方式导致了这种感受的形成？

● 列出所有与你的母亲相关的情绪，以及所有与你们的母女关系相关的情绪。对于每种情绪，认真地花费一些时间来感受它在你身体中的起伏震荡，并描述它、总结它，将它作为一场游戏来进行操作，去感知自己可以随意强化它或弱化它的能力。

还有一件事情，它同样需要你加以考虑：有一些类似情绪的词语其实并不是确切的情绪本身，而是某种观点或解释。以下是其中的一些词语（感谢马歇尔·卢森堡博士对该部分的贡献及其著作《非暴力沟通》对该部分的启发）：

被遗弃、被虐待、被攻击、被背叛、被禁锢、被霸凌、被欺骗、被胁迫、被逼入绝境、被削弱、不被信任、被打断、被恐吓、被操纵、被误解、被忽视、被施压、被激怒、被拒绝、不被赏识、不被听到、不被看到、不被支持、不受欢迎、被利用。

这些词语并不是用来表达情感的；它们是用来描述思想、观点和解释的。但是当你选择使用这些词语进行描述时，它们也会产生情感。它们所表达的是你对他人进行解读的方式，而不是你在这种情况下产生的感受。这是一个至关重要的区别，因为这是你学会如何收回自己的力量的开始！

第 10 章

触发器、按钮和刺

《不羁的灵魂》一书的作者迈克尔·辛格曾经讲过这样一个故事：

从前有一个女人，一根尖尖的刺扎进了她的手臂，并直接扎在了一根神经上。任何东西只要触碰到刺，哪怕只是一片树叶轻轻拂过，都会让她感到疼痛不已。

因此，尽管她曾经很喜欢在树林里散步，但她还是停止了这项活动。她也开始小心翼翼地避开树林，以及一切可能会碰到那根刺的地方。

她就这样把自己的生活建立在对那根刺的保护上，她相信这就是她保护自己免受痛苦的方式。但是，她没有意识到，自己还有另一个选择：去掉那根该死的刺。

我们每个人的身上都有一些像这样的刺，或者按钮、触发器……随便你怎么称呼它们。我们不希望这些刺被任何人触碰、按进或者拔出，如果有人试图去这么做，那么我们就会感到不安，因为别人不能就这么直接地触碰我们的刺。我们都在告诉他人不要触碰我们的刺，以保护自己，并建立一种不受伤害的生活。

“避开我的刺！”我们希望人们不要哪壶不开提哪壶。

但事情是这样的，当我们相信自己身上背负着触发器、按钮和刺的时候，我们其实就是在放弃自己的力量，我们是在让别人来对我们的感受负责。而另一种选择，就是让你知道，你完全可以把它去掉……并且，如果你去掉了它，那么你就再也不必为此担惊受怕了。

那么，要如何知道扎在自己身上的这根刺到底是什么呢？那些让你心烦意乱的事情就是答案。烦恼、挫败、被动，换句话说，答案就是负面情绪。

就像扎进皮肤里的刺会让你产生生理上的痛感一样，当你觉得自己在精神上也扎进了一根意象上的尖刺时，你就会随之感到心烦意乱。这就是为什么在第 9 章中，理解情绪，以及感受和识别你所经历的情绪如此重要。

如果你的刺被触碰到了，比如你的母亲说了些什么，然后你感到心烦意乱，但同时你能觉察到自己此刻被激惹了，那么你就可以决定接下来要怎么做。为了能去掉这根刺，你要直面这种感觉，问问自己："我喜欢被激惹吗？"答案通常都是"不"。当然，有时可能也会是"是"，我稍后会用一个自己的故事来解释这个原因。

这一章会帮助你们理解这种被激惹感其实来自何处，并且让你学习如何去对其进行感知。

大家都知道，当我的母亲给我发电子邮件时，我会感到非常不安。我过去常常会从她写的每个句子中想象她说这些话时的语调，以及她到底想和我说些什么。在我获得了像今天这样更为理智的认知之前，我的"尖刺"会告诉我："她就是在挑事，她不仅不尊重我，还认为我很愚蠢。"尽管当时我已经了解到，立马做出应激反应并火力全开来进行反攻是不对的，但我还是会感到非常愤怒和受伤。

然而，我之所以感到愤怒和受伤，其实不是因为她在电子邮件中写的内容，而是因为我对她的话所赋予的含义和进行的解读。例如，我认为她想挑事，她不尊重我，她认为我很愚蠢。

当然，这也是50多年来在我们的母女关系中日积月累的结果。但我没有意识到的一点是，我在用一套非常陈旧的思维定式来对这个过程进行无意识的处理：她在攻击我——我是受害者，而她是霸凌者。

这种思维定式就是扎在我意识神经上的尖刺。在我学会进行区分之前，我经常会把母亲的所言所行理解为一套攻击动作。我花了很多时间来逃避、害怕和生气。这些情绪也会推动我做出很多令自己汗颜的行为。

虽然我会向任何愿意听我故事的人倾诉我很生气或我很受伤，但我其实也在享受自己对母亲的愤怒。我喜欢这种被激惹感。就像那个手臂上扎着尖刺的女人，相信自己远离森林就是进行了自我保护那样，我也相信我的愤怒保护了我自己，以及我意识中那根象征着“我是她的受害者”的尖刺。当我明白了这一点后，我就开始着手准备拔掉自己的那根刺了。

你的母亲可能会制造令人沮丧的环境，并以此来故意操纵你。她可能很了解你身体装置的“按钮”，只要轻轻一按，她就能让你整个人的运行程序全面崩溃。然而，当你觉察到她的这些动作时，你可以选择不让这个动作对你起到任何作用。

一位来访者曾对我说：“我的母亲会那么那么使劲地按我的按钮，每次和她说话，她都会让我泪如雨下。”天啊，我太感同身受了！我曾经也认为，我的母亲喜欢看到我在她的操控下做出的反应，她喜欢在我身上施展那种掌控一切的能力。也许这不过是我认为而已，也许真的就是如此。

那么，当你认为你的母亲是故意这么做的时候，你会如何应对？是打电话给她，还是改变你的反应？正如我的来访者在理解和实践这一概念后对我说的那样：“在我们的对话中，我的母亲会试图通过按下我的情感按钮，来一直保持占上风的状态，直到我失去控制。但面对这种情况时，我可以自主选择沉着冷静并主动反应。我可以进行练习，以便在这种情况下做出安全有力的反应，直到我的反应不再是她可以预测或我可以预测的原有的刻板模式。”

那么，我们该如何开始进行改变呢？

∨一项实践练习

意识觉醒。请你开始去感知和注意周围的每件事和每个人对你的刺激，以及你对此的反应。花一周的时间来尝试进行注意和观察，特别是你与你的母亲，或任何你觉得自己做出了“被动反应”的重要他人的互动。

不要卷入别人的行为或你自己的种种想法，而是冷静观望。将自己当成一个旁观者，从而在旁边冷静而客观地观察着这一切。当你只是注视而不卷入时，你就能从别人所分享的你的故事中抽身出来，以中立视角进行观察，这是很有趣的一件事。你就会看到，在这些情况中，如何能为自己节省更多的能量，以及如何能帮助自己保持头脑冷静。

你仅仅需要识别出触发器出现的时机（“哦，看，就是这样！”），立即暂停，注意此刻是什么情绪的出现触发了机制，然后浸入式地进行探索（“我现在感觉到某种情绪是多么有趣啊！”），而不是在一开始就因为触发了这种情绪机制而条件反射般地立刻感到沮丧，并对自己进行责难。

当然，这并不意味着你要在谈话中变得沉默。在恰当的时候，你可以通过说“噢，我明白你的意思”，或者“嗯，是的，我在听着呢”来表达你的参与感。你也可以在别人说话的时候，通过恰当的肢体语言，比如看着他们，用点头表示肯定和理解，保持沉静的姿态（也就是说，不要一心多用，或出现太多显得坐立不安的小动作），来向他人表达你对他们的充分关注。

当你成为观察者时，你要保持充分的好奇心，以便去探索他人和自己。

V一种写作框架

- 你在观察什么？
- 你觉察到自己的触发器、按钮和刺了吗？
- 它们是什么？

不再

自我折磨

自我挣扎

自我憎恨

第11章

关闭你的触发器，移除你的按钮，拔掉那些刺

还记得我在第 9 章中提过的，我的母亲发给我的那封关于外祖母信托财产问题的电子邮件吗？我将以此为例，对我接下来提出的概念进行阐释。

某天早上，母亲给我发了一封电子邮件，问我是否需要动用我的外祖母的信托财产的本金来把她送进养老院。换句话说就是，她持有的股份是否能产生足够的红利来支付她的护理费用。

我决定给投资公司的联系人发电子邮件，请她帮我回答这个问题。我希望通过这种做法来获得切实可靠的信息。我还没有收到她的回复，但我计划在得到她确定的答复后，就给我的母亲回信。

当天晚上，我的母亲再次发邮件催问我是否有答复了，并催我要么就向我丈夫，要么就向外祖母的律师进行咨询以获取建议。我简直气坏了。明明是她自己搞不明白这些问题，她却非要认为我也是个什么都不会的人。

此外，我也不是非得遵从她每个命令吧……如果她叫我去跳海，难道我也该去跳吗？因此接下来，我便给律师发了一封电子邮件，咨询我在法律上是否有义务必须回答她最初的问题。这并不是说我不想做出回应，而是我不想被人操控，或者被人拿枪逼着去做事情。

我知道这是件大事。我在寻求外界的支持，以便我不必再对我的母亲曲意逢迎，去迎合她表演这些荒谬的把戏！我那可恶的母亲！我生气了，是的，我简直要气死了！我一直时不时地允许自己愤怒（是允许自己去切实地感受和表达自己的情绪……而不是对她发泄情绪……没有必要那样去做），但这样做还不够。因为接下来内疚感就会占据上风，哪怕母亲按下了我那该死的情绪按钮，我也应该足够成熟地去管理好自己的情绪，以及去好好爱她。然后我会想狠狠打自己几个耳光，谁让我一开始就带着这个该死的情绪按钮出现呢。

我打赌，你肯定能与上面这段歇斯底里而又莫名其妙的叙述在某种程度上产生共鸣。接下来，我们将学习如何让这一切缓慢沉淀下来，并开始去理解那些在你脑海中盘旋的光怪陆离的想法。

请允许我说明，我相信每个人都有着自己独一无二的本质特点。这就是我们为什么能成为我们。这是我们最纯粹的精神内核。在我们生活、学习和成长的过程中，我们逐渐形成了自己的信念和自我认知，这些信念和自我认知塑造了我们，让我们习得了体验外部世界的方法，并与之建立了连接。

但无论是在我们刻意进行学习的过程中，还是在我们受到父母和其他榜样的潜移默化的过程中，很少有人会教我们去以有意识的方式，主动形成我们关于外部世界的经验，并与之建立连接。

正如我在本书前文中所提到的那样，许多人的智慧让我受益匪浅，以下就是我根据自己学习到的内容提炼出的精华：

周围环境和所处情境是我们无法人为控制的外部世界，比如天气、我们的过往经历，以及其他人的言行举止。周围环境和所处情境是中立的、不带判断和偏好的客观事实存在。例如："我的母亲给我发了一封电子邮件。"

思维是不断奔腾并贯穿于我们头脑的观点。有时我们能意识到它们的存在，但通常情况下我们意识不到它们的存在。有时，我们会有意识地采用特定的思维对自己所处的环境进行思考，但更多时候，往往是我们无意识的信念和自我认知在起作用。例如："她在跟我挑事。""她认为我很愚蠢。""我是个无法独立处理这些情况的白痴。""如果她叫我去跳海，难道我也该去跳吗？"

信念和自我认知是一种心理状态，在这种状态下，我们对某个事物的真实性的判定，是基于我们相信自己是谁，而无所谓是否存在实证性证据对其真实性进行证明与支持。我们有时对自己秉持的信念是无意识的。因此，我们有意识和无意识的思维，共同构建了我们的信念和自我认知。例如："如果我的母亲生我的气，那么我可能会因此而死。"（这听起来似乎太过戏剧化，但请容忍我不得不如此呈现。）“我是她的受害者。”（这是我的自我认知部分。）“我是个既可怜又可悲的失败者。”

一方面，当我们的思维帮助我们形成信念和自我认知时，我们的信念和自我认知又会反作用于我们思考的内容、思考的方式，我们解释周围环境和所处情境的方式，以及我们对它们的感受——这是我们借以观察世界的镜头。另一方面，我们又常常认为我们的自我认知是一成不变的。

情绪或感觉是我们在身体中所体验到的运行、波动的能量，它们通常与我们的思维，我们对自己和他人的信念，以及我们的自我认知有关。（关于情绪的更多信息，请参阅第 9 章。）例如：“我之所以感到气急败坏，是因为我相信母亲认为我很愚蠢。”“我们的情绪经常会影响我们的行动。”

行动指的是行为、反应或不作为，它通常是由我们的需求和感觉驱动的。例如，对母亲的消极回应或侵略性回应，对丈夫的怨言和唠叨，对朋友的吐槽和八卦，以及义愤填膺地给律师发电子邮件。

需求是所有人类生存所必需的东西。我们采取行动的目的就是满足自己的需求。

人类的共同需求包括自由选择（能选择梦想、目标、价值观的权利，以及实现它们的计划）、庆祝、言行一致、相互依存（连接、爱、归属、尊重、信任、理解）、滋养身体（空气、食物、运动、安全、休息、庇护、触摸、水、性表达）、玩耍、情意相通、成长、做出贡献等。关于人类需求的资料和文献有很多。我在这里列出的需求清单来自马歇尔·卢森堡的著作《非暴力沟通》。

当我们体察、尊重并满足了自己的需求时，我们的行动就能反映出这一点。当需求没有得到满足时，我们也会在行动上体现出这一点。有时候，发生冲突是解决问题所必需的。例如："我的行为反映了我试图满足自己言行一致和自由选择的需求，但它却是一个以错误方式进行的尝试。"

故事的走向和结局取决于我们的行动。例如："我之所以不能掌控住方向盘，从而在我的人生旅途上走好自己的路，是因为我习惯于让别人来决定我的生活，这些人就是我的母亲和我的朋友们。”

证据是表明一个信念或命题是否真实或有效的可用信息。例如：“我不能靠自己回复母亲的邮件，来给她一个明确的答复。只有通过向我在银行的联系人和外祖母的律师求助，我才能解答她的问题。看吧，我果然是个可悲又愚蠢的人。”

我们的故事的走向和结局往往为我们的想法和信念提供了证据，并佐证了我们的想法和信念确实如此。当我们相信自己的想法时，我们会自然而然地觉得这就是事实本身，然后根据它行动。当结果出现时，我们就会顺势产生“果然如此”的反应。这就是为什么我们的大脑有时竟会如此愚钝。当然，我们相信自己的经验也无可厚非。但我们没有意识到一点：这不是唯一可能的结果。

花点时间慢慢地思考上述每个要素，有助于我们更深刻地意识到每个要素对我们生活的影响。然后，我们可以更加有意识地去创造自己的生活。

虽然我们可能无法改变自己周围的环境，但我们可以质疑自己的信念、自我认知、思维等。以下是一些强有力的问题，它们能有效打破你的思维定式：

“当我 ______ 时，我是谁？”（自我认知）

“我想成为什么样的人？”（自我认知）

“我如何理解当下的周围环境和所处情境？”（思维）

“为什么我现在会选择以这样的方式进行思考？”（信念）

“我的行动是基于哪种信念而产生的？在这种信念中，我认为自己是安全的，还是处于危险之中？”（行动与信念）

“当我以这种方式而不是那种方式回应时，会发生什么情况？”（结果）

“我试图满足什么需求？”（需求）

“她可能在试图满足什么需求？”（需求）

“这一结果能证明什么？”（证据）

V一种写作框架

选择你和母亲最近的一次互动，并像我在上面的例子中所做的那样将其分解。从哪个部分开始并不重要。有时，你最容易注意到并记录下来的可能是你的感受。我对上述要素的使用顺序，一般如下所示：

- 环境（保持中立……让事实就是事实本身）；
- 思维（贯穿你脑海的句子……观点、判断、故事）；
- 信念和自我认知（你的一般心理状态以及你认为自己是谁）；
- 情绪（用一个词来描述你身体中能量的波动）；
- 行动（通常由需求和情绪驱动的行为、不作为、反应和表现方式）；
- 需求（你赖以生存和提高生活质量的事物）；
- 走向或结局（行动、行为、不作为和反应的影响）；
- 证据（证明你的信念和思维为真实的信息）。

其他思维方式

这不是要立即改变你的思维、信念和自我认知，或者试图让你成为另一个完全不是你自己的人。相反，换种思维方式是为了让你能更清晰地进行感知。当你看到其中存在的联系时，你可能很想去改变自己的想法，来让自己感觉更好。但若你面对挫折时如蚍蜉撼树般有心无力，尤其是当你的信念根深蒂固，或者你认为自我认知只不过是你的人格表演中不同角色的不同面具时，你的努力就可能会适得其反。与之相关的想法如下所示：

- “我不够好。”
- “我算老几啊。”
- “我无法照顾自己。”
- “我不值得被爱。”
- “我必须做好一切。”
- “我胖得穿不进裤子。”
- “我不配拥有自己想要的东西。”
- “我毫无价值。”

停止进行消极思考的欲望，与停止进行消极思考的能力之间，有一种有趣的联系。以下是我对这个过程如何发生所展开的描述。在你感知到自己正处于一塌糊涂的感觉之中时，你也同样能意识到，当下一定有一种消极的想法，正在你的大脑中循环往复地滚动出现。如果你能体会到我所描述的这个过程，那么你就能看到当前自己所处的模式是什么样的。然后，你就有机会进入“改变思维”的新模式了。

然而，如果“改变思维”之中暗藏着同样消极的内涵，比如“我不应该那样想”，或者“它太根深蒂固了”，或者“我讨厌自己会有这些消极想法”，那么像这样的“改变思维”实际上也可能只是另一种形式的抵抗、批判和回避。

我们批判这些想法是“坏的”的，其实也就是在批判自己是“坏的”。我们的大脑会进行自动化的思维过程，从而让这些消极思维模式成为持久又恒常的思维定式。是的，就是这样。我们的大脑喜欢简单粗暴的高效处理方式，它们不会在乎这些想法是否伤害了我们。但这并不意味着我们真的是“坏的”，这仅仅意味着我们的大脑正在按照它被预设的程序进行它的本职工作。

改变思维和信念，放弃不再适用于你的自我认知，这些都是有可能实现的。要做到这些，我们首先要实现意识的觉醒。然后，我们要将意识转换为实际行动。但与其试图强行去进行这个过程，不如善待自己，让这个过程自然而有序地发生。

因此，让我再次重申，你之所以会持续地进行消极思考，是因为你的大脑擅长进行自动化的思维过程。知道这一点对你十分有帮助，因为这也同样意味着，你的大脑可以很容易地产生其他更有用的想法。而对于那种认为某些想法比其他想法更为根深蒂固、更难以摆脱的观念，这种想法本身就有助于消除它们。

因此，与其抵制、试图改变、批判或推开那些令人感觉不好的想法，不如去感知和关注它们。在那些不受欢迎的想法浮现时，你要去观察和注意它们，而不是因为它们的出现而批判自己或折磨自己。

第 12 章

关于“小女孩大脑”的简要说明

我为之提供过咨询服务的很多女性都问过我同一个问题：“为什么我这么害怕母亲对我感到失望呢？”

对于小心翼翼又忧心忡忡的我来说，这是一个重要又神圣的问题。

简单说来，我们之所以会害怕母亲对我们失望，是因为在我们的“小女孩大脑”中有一个传承了先祖远古记忆的部分。这一部分让我们无意识地相信，如果母亲对我们感到失望，那么我们就会因此死去。

几年前，我发现了自己长期持有的一个无意识信念：“我的母亲有足够的能力将我完全摧毁。如果她能摧毁我，那么任何人都可以这样做。”

思维：我可以被毁灭。

情绪：恐慌。

行动：要么不作为，要么通过改变、屈服和扭曲等方式来防止被摧毁。

当我年纪越大，当我跟越多的人交谈之后，我就越发认识到，几乎每个人或多或少都会有这样的想法。我花了很多时间对这种想法做出反应，试图抵抗并驱除恐惧。

但是当我意识到，这种“思维—情绪—行为”的固定模式与我的整个生活相伴相生的方式后，我就决定练习跟它和平共处。在几个月的练习过程中，恐惧开始逐渐消融……那种“我可以被毁灭”的信念开始慢慢地枯萎和凋亡，曾经如同刻在石板上的不灭的诅咒，现在变成了逐渐消散的幽灵……这感觉有点像是你曾以为铭刻在磐石上的文字是坚不可摧的，但随着白驹过隙，再强硬的石头，也终将会被时光风化成沙。

因此，了解我们的大脑如何进行工作是很重要的，因为当你和恐惧不期而遇时，你并不是独自一人。由于我不是大脑科学方面的专家，因此我在谷歌学术上进行了搜索，并咨询了一位拥有各种相关资格证书的同事拉娜·巴斯蒂安努蒂。

大脑中有3个部分与我们当前讨论的内容相关：杏仁核（又名“蜥蜴脑”）、海马（又名“哺乳动物脑”），以及前额叶皮层（又名“人类脑”）。

我很喜欢这段来自科普网站的描述：“作为压力评估器，杏仁核持续监测着所有可能的危险情况，并决定何时做出反应。与恐惧、危险记忆有关的景象、声音、气味都存储在杏仁核里。当大脑识别到类似情况时，杏仁核就会发出危险信号，并使身体立即进入战斗或逃跑反应。”它与反应性动作和反射性动作相关联，从而能避免我们陷入危险。

正如我在上面所说的那样，我们大脑中的一个部分存储着先祖的远古记忆，我们需要母亲来对我们进行爱和呵护，因为如果她不爱我们，如果她失望了，那么她就有可能决定不再养育和照顾我们，我们的生命就有可能受到威胁。

因此，尽管我们已经长大成人，尽管我们已经开始过自己的生活，但杏仁核让我们依然高度渴望母亲的支持、认可和爱，并且我们依然十分害怕失去母亲的支持、认可和爱。

巴斯蒂安努蒂说：“当我们认为杏仁核代表着我们是谁，决定着我们必须做什么，并且能对我们的言行举止形成掌控时，问题就会出现。我们会情绪化地认为自己别无选择，然而这并不是实际情况。”

海马与长期记忆的储存有关，长期记忆包括所有过去的知识和经验。举例来说，我们可以在不经思考的情况下，仅凭肌肉记忆来完成刷牙这项工作。如果将我们的大脑比作电脑，那么海马就是硬盘。同时，海马也是对情绪进行调节的边缘系统的一部分。

然后是前额叶皮层，它是大脑中一个较大的部分，位于前额的正后方。它是负责进行理性思考以及问题解决的执行功能区域。如果将前额叶也比作电脑的一部分，那么它就是进行程序运行的中央处理器。前额叶皮层的功能与抽象思维、语言、共情、合作和社会认知有关。

巴斯蒂安努蒂继续说道：“在更高级的脑部区域中，

存在辨别、决定、推理、合理化的能力，所有这些能力都为我们进行选择和承担责任奠定了基础。在这个层面上，我们有能力通过激活我们的高层级脑区功能，来推翻低层级脑区给出的所有暗示性指令。然而大多数人都不知道这一点。我们大多数人都在听从着由自己的蜥蜴脑发出的指令，不加思考地四处晃荡，为了寻求舒适而自欺欺人地逃避困难，但却没有意识到，当我们清醒过来时，困难可能已经造成了多么巨大的可怕后果。我们的高层级脑区可以踢走低层级脑区所鼓励的潜在的破坏性思维和破坏性习惯，然而，我们在无意识中让低层级脑区挤占了高层级脑区应有的位置，只给它留下了很少的空间，因此，它无法充分发挥其应有的作用。”

“更重要的是，”她补充道，“我们没有留下多少空间来揭示真实的自我。我们真实的自我，远远比我们拥有的思维更为广阔辽远；我们真实的自我，能让我们恒久坚持，不忘初心；我们真实的自我，不受思想、信念、记忆、习惯、观点、偏好和经验的影响；我们真实的自我，是我们最高层级的自我，弥散着爱与同情、智慧与常识的柔光，完全没有种族、民族、性别的偏见。我们真实的自我，存在于我们所有人的内心之中。”

不要害怕恐惧，只要去注意它就好。

第 13 章

如何建立和维护完美的界限

我咨询辅导过的大多数女性认为，只要她们不那么频繁地与母亲接触，她们就会没事。只有当她们不得不与母亲产生互动时，她们才会做出被动应对的反应，似乎无法“控制”自己。

在这里，用《超人》中的设定来进行比喻是再合适不过的了：我们在自己的生活中是强大无敌的超人，但我们的母亲是绿色氪石。一旦接近她们，我们的能量就会立刻被吸收，我们会因此变得浑身无力！

那么问题来了，在你自己的生活中，而不是仅仅在你的母女关系中，你想要成为谁？你想要获得什么感觉？你想要如何向世人呈现自己？在大多数时候，你会喜欢并尊重自己吗？

在某种程度上，你知道自己的母亲是不会改变的（她也许能改变，而你却指望不上），但你却一直期待她发生改变，这似乎成了你生活中重要的一部分。如果你试着将期待的重心转移到你自己能改变的事情上，那么会发生什么呢？

当你决定对母亲做出不同的反应时，神奇的事情就会发生。你会开始建立起自信，逐渐变得波澜不惊，最终成长为人生这场戏剧中的大女主。你相信自己足以成为自己的靠山，你的生命终将获得平静与安宁。有时候，你仅仅需要放松一下，让自己和母亲的关系不再那么紧绷，从而给她留出空间，来改变你们之间的相处定式。但是目前来说，对自身的关注依然是我们需要重点练习的课题。

40 多年来，我一直害怕与母亲划清界限。更准确的说法可能是，直到我 40 岁时，我才意识到，我需要在自己和母亲之间设定明确清晰的界限，然而我却害怕这么去做。

这可以归结为一个简单的信念，并且这个信念在大部分时候是无意识的：如果我表达并坚持我的价值观、偏好、欲望（基本上就是界限的构成），那么她就会拒我于千里之外。我害怕为自己，以及为自己需要并渴望的东西挺身而出，因为我不知道要如何面对和处理母亲对此的拒绝与反对，我担心她会对我提出的所欲所求进行评价和批判。

由于自己的恐惧，我的行为变得失调。面对虐待，我不但能容忍，甚至能习得它并将其负能量传递出去。这种失调不仅仅存在于我和母亲的关系中，也出现于其他关系中以及我对自己的态度中。因此，我将很多时间和精力花费在了愤怒、被动和防御之上。

正如我前面提到的那样，情况在2010年底变得非常糟糕。母亲给我发的那封电子邮件令我痛彻心扉。我既没有尝试反击，也没有为自己辩护或者给出任何解释，我只是告诉她不要再给我打电话或发电子邮件了。我完蛋了。

我以为自己已经成功地建立起了界限，但在迈出这一步之后，我发现自己的愤怒感、被动感和防御性非但没有减少，反而有所增加，令人窒息的内疚和深深的悲伤也随之而至。在我将母亲从生活中剔除后，为了让自己能感到好受些，我花了很多时间来细数母亲对我的不好。

我那时其实对自己不够坦诚。从那以后，我一直努力对当初“激进的”做法进行修复和完善：这不仅是为了“有个大人的样子”，而且是为了能对自己的内心世界和过往经历承担起责任来。其中很大一部分工作意味着，我要学习如何去设定健康的界限。

很多时候，在我们建立起健康的界限之前，我们认为母亲之所以会这么对待我们，是因为“我们允许她们这么做”。我们认为，自己应该能控制她们对待我们的方式。我们之所以这样想可能是因为，在我们和母亲的相处过程中，这就是我们使用的固定交互模式：母亲也在试图以同样的方式控制我们。为此，我们进行了自我折磨，尝试了一切我们所能想到的方法，来试图改变、修复或减少母女关系中具有挑战性的部分。

也许有人会认为，母亲之所以会那么对待我们，是因为我们没有做到什么，或者做错了什么。

如果你曾接受过治疗，那么你可能会得到这样的建议：当你注意到自己无法控制母亲对待你的方式时，你要学会去设定界限。这的确是合乎逻辑的下一步。

我们中的许多人（通常还包括我们的母亲）相信，界限是对他人行为的限定，设立界限的目的是让其他人立即去做我们想让他们做的事，或让其他人立即停止做我们不想让他们做的事。然而，这并不是界限，而是底线。

以下是我对这二者进行的区分：

界限，是指你向侵犯你的情感空间或物理空间的人提出的协商性请求，通常的目的是努力改善关系。界限体现出你对自己的照顾和负责，通常以“我更喜欢”“我更重视”“我的偏好是……”等建议的形式进行表达。

底线，是你提出的一个决不妥协的要求，拒绝这个要求通常会导致一段关系的破裂或结束，比如“要么尊重我，要么远离我”。底线体现出你对另一个人行动的控制，其目的是让我们获得自己应有的权益，通常包括“你应该或你不应该……”“你必须……”“你不能……”

等形式。

当我们渐渐失去界限后，我们就会义无反顾地捍卫自己的底线。

由于与家人的相处模式不够健康，我们中的许多人混淆了界限和底线的概念。这就是为什么我们在考虑设置界限时经常感到矛盾、痛苦、肮脏或自私；这就是为什么我们在事后可能会出现反弹；这就是为什么在面对这项本该十分基础的生活技能时，这么多女性却依然在为学会和使用好它而苦苦挣扎。归根到底，这都是因为，人们通常以一种没有爱或不现实的方式来教我们如何设立界限。

与母亲之间设立清晰的界限只是我们工作的一部分，因为有时我们的母亲会断然拒绝设立界限。因此，为了让我们的下一步行为不是条件反射式的破坏性反应，弄清楚我们自己的行为模式是非常关键的。当我们对自己和母亲都表现出真诚坦率的态度时，我们才能真的对自己的承诺言出必行。

完美的界限不是：

- 卑鄙、粗鲁或自私；
- 不以尊重为前提；
- 命令；
- 旨在控制、操纵、强迫或威胁他人；
- 旨在改变他人的行为；
- 底线；
- 被动性反应；
- 自我防卫的武器。

完美的界限是：

- 健全完善的；
- 以尊重为前提；
- 关于你自己的行为；
- 你和他人职能权限的明确划分；
- 促进自我负责的工具；
- 一份你送给他人和自己的礼物；
- 一种你进行自我照顾和自我保护的有意义的方式；

- 基于你的价值观生成；
- 主动性回应。

在这里，我们有两种有效的对话方式来对完美的界限进行设定。

请求－结果式对话

请求，就是让你的母亲停止做那些侵犯你的界限的事情。

结果，就是让你的母亲明确知悉，如果她选择违背你的请求，那么你就会怎么做。这是你将要采取的行动。行动的定义越明晰，你的界限就设立得越好，也越有效。

以下是一些例子：

请求：请不要对我大喊大叫。

结果：如果你不停止大喊大叫，那么我就要走了。

请求：你最好通过电子邮件来联系我。

结果：如果你给我发短信，或者在 Facebook（脸书）上给我发信息，那么我就不回复你。

请求：我希望你每周和我电话聊天的时长控制在半小时内。

结果：如果超过这个时长，那么我就不接了。

请注意，当你提出请求时，结果就是你将采取的操作。

请求－益处式对话：

请求，就是让你的母亲停止做那些侵犯你的界限的事情。

益处，就是让你的母亲明确知悉，如果她停止这种行为，那么你们的关系就会获得什么样的改善。

以下是一些例子：

请求：请不要对我大喊大叫。

益处：如果你停止大喊大叫，那么我就能更专心地听你想告诉我的事情。

请求：你最好通过电子邮件来联系我。

益处：如果你给我发送电子邮件，那么我就能更清楚地看到我们沟通情况的进展。

请求：我希望你每周和我电话聊天的时长控制在半小时内。

益处：在这个时间段内，我能全心全意地关注你。

在以上任何一种情况下，你都最好能提出具体而明确的要求，并让你的母亲知悉，这将会对你或你们的关系产生什么样的影响。

在设立界限的过程中，你可能犯下的最常见的错误是，你没有坚持到底，或者你不相信你的母亲会尊重或者应该尊重你设立的明确界限并将其奉为圭臬。

尊重你的界限不是你的母亲的工作或责任，而是你的。然而这却是个好消息，因为这意味着你开始严肃认真地去对待自己，你开始遵守你对自己做出的承诺，并且你向自己展示出，你值得拥有良好的界限。

有一点值得一提，那就是你的母亲很可能没有教过你如何去设立健康的界限，因此，显然也从来没有任何人教过她如何使用或尊重这些界限。这不是你的错，也不是她的错，因为她也不知道，她的过往经历中竟然有这么多的缺失。

与母亲建立良好而健康的界限是我做过的最困难的事情之一，特别是考虑到 40 多年来，我们之间一直存在着一种一成不变的模式，那就是没有界限。但同时，建立起界限也是我做过的最勇敢的事情之一。我终于能做到真实而坦率，无论是对自己还是对母亲，我都能彻底地做到真实而坦率。

让我来告诉你，这是一件多么美妙的事情。我现在很少对母亲心怀怨恨，我也很少因为母亲而感到痛苦或愤怒。因为我尊重了自己的界限，进而感受到了爱。

我想用一个例子来进一步说明。我的母亲的烟瘾很大，还特别喜欢在车里抽烟（无论是她自己驾驶还是别人驾驶）。但我并不想被迫抽二手烟，为此，我们曾经有过伤害性极强且极其戏剧化的激烈冲突。我愤怒地瞪着她说："你就不能等会儿再抽吗?！"然后我唰地打开所有的窗户，她又立马唰地关上。面对这样的冲突事件，我赋予的含义是，她故意不尊重我，甚至想危害我的健康；而她赋予的含义是，我不但对她吹毛求疵，没事找事，还试图控制她。

终于，在某次她让我开车送她去某个地方时，我决定试着给她设定界限。出发前一天，我向她提出了要求："妈妈，如果你能不在我的车里抽烟，那么我就会很感激你。但是如果你想抽烟，那么我可以把车停在路边，这样一来，你就可以下车去抽了。"她同意了。还有一次，当她开车的时候，我建议道："妈妈，如果你想在车里抽烟，那么没关系的，我可以去开自己的车。"

请注意我是如何通过遣词造句来允许她继续吸烟的，我不必表达出生气、不安，也不必让这件事情带上其他超出事件本身的任何意义。我没有试图控制她的行为，我只是控制了自己的行为。健康的界限可以防止我们被迫接受他人行为造成的后果，因为我们是在管理自己的行为。

基于价值观的界限设置能促进自我关怀、自我照顾和自我负责的行为的出现。它能让你回到自己生活的主驾驶座上，让你收回你一直赋予母亲的权力；它能帮助你去爱她并接受她，让她完全按照自己的意愿行事，同时尊重你的需要。

许多女性不想与母亲确立明确的界限，因为她们认为倘若如此，自己就会有失去母亲的风险，或者她们担心母亲会说“不”，并继续侵犯她们的个人空间和情感空间。在很长一段时间里，我就是在这样的处境里进退两难的。她们也会担心，如果自己为了自我关怀而倾诉衷肠，那么她们可能就会不小心让母亲生气，从而造成无法处理的情况。因此，为了避开这种风险，她们宁愿不去建立界限，只好在一种基于谎言和怨恨的关系中进退维谷。

一些界限建立技巧

1. 你要下定决心爱自己、尊重自己、重视自己，并建立起自己的界限；同时你要爱别人、尊重别人、重视别人，并教会他们如何与你相处。

2. 明确你的价值观，知道你的界限就是那些在行动中体现的价值观（感谢兰迪·巴克利对我的启发）。我确定的一些价值观包括尊重、好奇、创造力、幽默、真实、信任、洞察力和平静。当你以这种方式将界限与你的价值观相互连接时，你的界限感觉就像是关于“我是谁”的天然的延伸。

3. 要有同情心。这是让有效沟通成为常态的一项重要技能。富有同情心和建立界限是相辅相成的。

4. 如果你感到沮丧、愤怒或怨恨，那么这意味着你还没有做好准备去建立界限。请你先自己处理好这些情绪。你可以试着去写日记，或者与不会让你怒火重燃的人交谈，直到你能平静下来。你不高兴不是因为别人做了什么或没有做什么，而是因为你没有建立起适当的界限，没有说出你心中的真实所想。

5. 在你为自己的烦恼承担起了责任，并整理好了自己的情绪后，如果你想，那么你就可以与合适的对象聊一聊关于界限的问题。

6. 在有人侵犯你的界限之前，没有必要四处宣称你对自己的界限的捍卫决心。即使你的界限被侵犯了，你也不一定要去和对方沟通自己在概念上对界限的定义。但是，为了能有效地维护它，你必须坚持自己承诺做出的行动。

7. 如果你选择与他人就界限相关的问题进行对话，那么请使用中性语调。如果你的交流中存在着负面情绪或伪善，那么你试图传递的关键信息就可能会丢失，界限的清晰度也会因此而变得模糊。请你在练习说话时不采用抑扬顿挫的陈述，而是让声音听起来自然而平和。

8. 记住，你不是在试图控制别人的行为，而是正在改变或调整自己对他人行为做出回应的方式。

9. 试着与一位个性随和的对象一起练习你的新技能，

体验一下提出请求的感觉。当你变得更加自信时，你就可以开始尝试与那些更具挑战性的人之间建立界限。

10. 你要对自己的沟通负责，但同时要明白，你无法对他人如何接收或解释你在沟通中试图传达的信息，以及他们所获得的感受负责。创造清晰而直接的沟通方式，并允许对方产生他们的感受，然后做出他们的选择。

11. 如果对方没有做出改变或不尊重你的界限，那么不要将责任全揽到自己身上。做好准备，怀着顺势而为和随遇而安的心态，主动去改变自己的行为吧！

12. 练习非防御性沟通。（向马歇尔·卢森堡的《非暴力沟通》致敬！）

防御性反应是一种消极反应，它会让我们卷入冲突之中，并让另一个人处于上风，例如：

- “我不是……”
- “不，我没有……”
- “你怎么能这么说……”
- “为什么你总是……”

- “这太疯狂了……”
- “我从来没有说过……”

非防御性反应是一种积极反应，它能缓解局势，并让我们走上正轨。练习使用以下表达方式：

- “我明白了。”
- “我理解。”
- “这很有趣。”
- “这是您的选择。”
- “我相信您是这么看的。”
- “您有权发表自己的意见。”
- “很抱歉，让您感到不安了。”
- “我知道您很难过。”

一种思维方式

当涉及你跟母亲或其他任何人之间建立的界限时，你的工作不是让她做出不同的行为。你的工作就是照顾好自己。在决定如何对自己进行照顾时，你可以选择自己要采取的行为。

一种写作框架

你想在自己和母亲之间建立什么样的界限？你建立界限的意图是什么？为了支持这一界限，你可以采取什么样的行动？你将以何种方式照顾自己？你希望达成什么目标？你希望结果是什么？这样做的好处是什么？你内心的真实想法是什么？你需要对什么负责？

一项实践练习

使用请求－结果式对话或请求－益处式对话简明而清晰地表明你的界限。从自言自语开始，接着大声说出来，再到对着镜子大声说出来，最后试着对别人大声说出来，并看看这种对话方式是如何让你的心愿实现的。

第 14 章

与自己之间的界限

在我的记忆中，有一段让我印象极其深刻的经历，现在我想与你分享一下。有一次我的母亲因为某件事而通过电子邮件与我对质，然后我注意到，自己在当时就像立马带上了隐形的拳击手套，摩拳擦掌地要和她战个痛快。

我正在键盘上噼里啪啦地键入脑海中随时蹦出的愤怒的辩护词，然后我突然感到一阵不安。这时，另一个念头冒了出来：其实我不想打架。

因此，我删除了屏幕上满眼的剑拔弩张式的词语，只改为一句简单的“我明白了”。

然后她回复了邮件，向我表示感谢。

冲突结束了。

我感到很惊讶。

我所做的，只不过是对她提出的情况予以承认。我并没有改变或修复那些令她生气的事情。

那么，这和界限有什么关系呢?

兰迪·巴克利说:“界限就是那些在你的行动中体现的价值观。”我十分珍视安宁与平静。在所有这些过去的日子里，当我戴上隐形的拳击手套时，我就忽略了自己所看重的东西。并且在我的印象中，无论怎样，母亲都不像我那样重视和平。

我曾经认为自己软弱无能，因为我不想也不知道该如何去跟母亲针锋相对。这种光是精神上的紧张对抗，都能让我不禁联系起许多年前，我在跆拳道课上的一次实战拳击比赛中呼吸过度的痛苦情景。

我可以将这种价值观付诸行动的方式是，做出一个自己有意而为之的选择。这意味着我可以有意识地去规避争吵，并且确认自己有选择、有能力去做出一个自己可控的决定，这是一种让我感觉正确和良好的回应方式，它不同于立马做出的条件反射式的被动应激反应。

∨一种思维方式

有时候，与母亲建立良好界限的最好方式就是与你自己建立良好界限。一个最好的方法，就是先问问自己，你的价值观是什么。

∨一种写作框架

你的价值观是什么？你如何将这种价值观注入你与母亲的关系中？你能对什么部分负责？

∨一项实践练习

感知与关注。就像我所做的那样，在你对母亲的言行举止做出反应的那一刻，请立即观察你大脑中发生了什么样的信息处理过程。把自己当作一个令人着迷的观察对象，极富同情而充满好奇地进行自我关注。

∨其他实践练习

该练习引用自巴克利的“善良者的健康界限”：想象一下，你在自己周围吹起了一个由半透明的薄膜做成的大泡泡，你可以用任何自己喜欢的品质来填满它，比如善良、创造力、尊重、优雅、幽默等。现在，展开无边无际的想象，去充分感受那些充盈在你周围的特质，或价值观，或情感。记住，有些东西可以进来，有些东西不能进来。只有那些能与你在泡泡中所填充的东西相匹配的东西才能成功进入，而其他你不喜欢的一切，都会在泡泡外被轻轻弹走，它们不能靠近你。你可以跟自己的大泡泡开心地玩耍，但同时，你也要注意监测它，清醒地感知和关注它，做出理智而恰当的选择。你有权利去决定，什么可以通过泡泡进入你的世界，以及什么会被泡泡挡在外面并被轻轻弹走。

第 **15** 章

如果母亲无视你的界限

你的母亲会对你进行操纵吗？

关于这个问题，你肯定会想：“这还用问？”对吗？

但说真的，我对操纵的理解是这样的：我们之所以会选择去进行操纵，是因为除此之外，我们没有其他办法来满足自己的需求。

而我们的母亲呢？她们很可能曾被教导过，她们的愿望和需求并不重要。她们也很可能曾被教导过，女人不能拥有愿望和需求。可是你知道吗？只有承认和尊重自己的愿望和需求，才能建立起健康的界限。

当然，我们的母亲会对我们进行操纵，并让我们感到内疚。我们可能也是如此……好吧，我承认自己经常这样做。

这可能就是为什么她的界限感会很微弱，或根本就不存在，这也可能是为什么你很难建立自己想要的界限。

现在，我要提出一个可能会让你感到有些困惑的知识点：当你关注并说出你的母亲的需求时（但你要注意，这并不意味着你要负责满足她的需求），你的界限就能变得更清晰，更易于建立、表达和维护。

到底什么是“需求”呢？地球上的每个人类个体都存在需求，而几乎所有个体采取的所有行动都是为了满足需求。

有时我们不喜欢母亲在满足她自己的需求时采取的行为方式，我们便会倾向于给这些行为贴上标签。

下面是一位来访者的真实例子：“我的母亲在Facebook上发布了一张跟我的摆拍照，附言‘我爱我的女儿’，来向她的朋友炫耀，以及证明她看起来是一个多么了不起的母亲……她可真是个自恋狂啊！”

她的确可能是在炫耀，她也可能有自恋的倾向。但是，如果她做出这种行为的目的是她试图让自己获得对自己的归属感，或者让自己感受到与自己的连接呢？她所采取的行为方式可能非常烦人，或者充满被动的攻击性，但现在你能看到，在这样的行为背后有着与其需求相关的逻辑解释。

因此，当你谈到她对你的操纵时，要看看她隐藏其中的深层需求是什么，即她想通过这种操纵行为来听到、看到或知晓些什么。然后检查你自己的深层需求，即你需要听到、看到或知晓些什么。

确认和阐明母亲的需求，并不是为了让你去改变、扭曲或抛弃自我来满足这些需求……而是为了让你去理解这些需求，这样一来，你就可以建立起更有效的界限，不再感到内疚或痛苦。在这个过程中，你很有可能会更喜欢自己并且更尊重自己。这是一个微妙的区别，也是一个重要的区别。

∨一种思维方式

你的母亲所做的每件事，以及你所做的每件事，都是由你们各自的需求所驱动的。

∨一种写作框架

当你的母亲对你进行操纵时，她想要满足自己的什么需求？如果转换到你的立场之上，那么你要如何回应这种需求？知道这些问题的答案，将有助于你以一种让自己感觉良好的方式来建立起界限。

∨一项实践练习

寻找需求。当你看到有人以某种特定的方式采取行动时，问问自己："他们是在试图满足自己的什么需求？"这样一来，你就能有效提升自己的"需求雷达"的灵敏度，反过来，这也能帮助你建立起更为健康的界限。

第 16 章

建立界限时的负面情绪

猜猜关于下面这个问题的答案是什么：

“当你考虑与母亲建立起界限时，在你所感受到的最主要的情绪中，排行前三位的是什么？”

内疚、焦虑和恐惧。这是我到目前为止所得到的答案。而我被问到最多的问题如下所述：

读者来信

亲爱的卡伦：

您好！

我那自恋的、一辈子都在折磨我的母亲，最终还是越过了我的界限。她已经越界很多次了，但我没有勇气去为此做任何事情。去年，她说了一些让人十分不适的话。从那时起，我们的关系就开始疏远了。

我的母亲离婚了，经济状况也不容乐观。去年我没有邀请她参加我的任何假日聚会。而我唯一的兄弟认为我内心戏太多，因此，他根本不理解我对母亲的态度。

与此同时，母亲依然持续地试图通过短信和语音信箱留言的方式与我联系，以便让我感到内疚，并暗示我她需要钱。

我不希望她住进我家来。但如果我不邀请她过来，她就得孤身一人度过整个假期，这样一来，我会感到非常内疚。我觉得自己处于两难困境。她不过来，我就会感到内疚；她要是过来，我就会觉得我背叛了自己，并且会臣服于她的丑恶行为。这是一个无论如何都毫无胜利可能的局面。

一个人该如何跟如此没有希望的人建立起界限呢？

祝好

读者

卡伦回信

亲爱的读者：

您好！

我太能理解这种情况了。它感觉像是一种无从下手的局面。因为母亲的关系，我花了很多年的时间在内疚、羞耻、愤怒，以及绝望之间徘徊。我们之间发生了太多的戏剧性冲突，因为我和她过于“融为一体”了，所以我看不清楚一切我们所身处其中的纷纷扰扰。

祝好

卡伦

内疚、羞耻和恐惧，是我们不去、不能或不愿与母亲划清界限的原因。

这一点，往往和我们对到底什么是界限的误解相伴出现。

简单地说，界限包含并阐明了你所认同的东西，比如你的价值观、喜好、需求和欲望。如果你不确定自己所认同的是什么，或者如果你认为自己不配拥有自己的价值观、喜好、需求和欲望，那么当你试图建立或维护你的界限时，你就会感到内疚。

我很喜欢兰迪·巴克利关于内疚和界限的生动描述：

内疚是个狡猾的魔鬼。

内疚使你不相信自己应该有界限。

内疚会让你后悔建立起界限，甚至会阻止你这样做。

内疚使你无法相信自己，使你无法坚持到底。

当你试图对母亲对你界限的冒犯做些什么时，你就会感到内疚。

当你认为母亲对你感到失望时，你就会感到内疚。

当你认为是自己不好才让母亲提出反对意见时，你就会感到内疚。

当你认为自己不配说“不”或不配拥有界限时，你就会感到内疚。

当你不确定母亲是否会接受或尊重你的界限时，你就会感到内疚。

当你不知道如何去表达自己的界限时，你就会感到内疚。

当你建立起的界限不能和你真实的自我协同一致，或违背了你的价值观时，你就会感到内疚。

∨一种思维方式

通常，我们之所以想要建立起界限，是因为我们知道这样做对我们有好处。但我们也会感到害怕，因为我们认为自己的母亲不会认同这是有益的。但你要知道，你建立界限并非仅仅是为了独善其身，也不是自私的举动……这样做还有更广泛、更深远的好处。

∨一种写作框架

你希望自己的界限如何助益于你？你想表达的真实言语到底是什么？还有更广泛、更深远的好处吗？它们是什么？你希望如何建立起界限？当你在想象中把自己的价值观付诸行动时，哪一部分让你感觉良好？当你建立起界限后，你希望获得什么样的结果？你希望自己和母亲能获得什么？你希望你们的关系是什么样的？

一项实践练习

设想结果。想象一下，当你建立起自己的界限后，你被你自己和你的母亲都尊重的样子。你看到了什么？感觉到了什么？听到了什么？这种方法可以帮助你在自己与母亲之间建立起美好而健全的界限，并且让你免受内疚的折磨。在很大程度上，这是一个实践出真知的过程。把自己当成一个初学者，充满好奇、全神贯注地去充分探索你可爱的自我吧！

第 17 章

但是母亲本不应该……

某一年母亲节前夕，我读到了一篇“你永远不应该对……说的话”类型的文章。全文的标题是“孝顺的人需要在母亲节听到的13件事”，当然，我将这篇文章读完了。

在文章清单中列出的第9项是：“有些人甚至没有母亲！她走了你会后悔的。”

我之所以会选择这篇特别的文章作为例子，不仅是因为它的主题是关于母女关系的，还因为它指出了大部分人际关系所具有的共性。通过暗示别人不应该对我们说某些我们不爱听的话，我们便获得了正向激励，为了继续得到这种激励，我们会在无意识中想要继续扮演受害者角色。

“不要对我说这些话，因为我可能会感觉很糟、很抓狂，并且我会心碎。”

我完全能理解这种情况。有时人们，包括我们的母亲会用无情、刻薄、粗鲁、烦人、无礼或敷衍的话语应对我们。之所以会这样，是因为有时他们并不知道我们整个故事的来龙去脉；有时，他们也会故意为之；而有时，这只是他们在无意识状态下不经大脑的自然而然的反应罢了。

但是，如果我们不为其他人制定规则，而是让他们畅所欲言，那么情况会是如何呢？又如果，我们不是因此而感到被冒犯或感到愤怒，而是改变或管理自己的思想和行为，而不去责骂、规训或者“教育”他们，那么情况又会是如何呢？

当我以自己内心的大女主人格为荣时，我便不会被别人说的话所触怒。我是能对自己负责的。管理我自己的反应意味着，我可以选择忽略母亲说的话，改变话题，甚至走到一边去。她可以继续说她想说的话，或者做她想做的事。

我把这个概念提升到了一个全新的水平。当我在几年前告诉一位督导老师，“我的母亲用那封电子邮件刺伤了我的心”时，她对我说：“你为她发来的电子邮件赋予了你所理解的含义，然后你用这个含义刺伤了你自己的心。”我反驳道：“但是母亲就不应该给女儿递过刀子，来让她用这把刀子刺穿自己的心脏！”

她的回答是：“为什么不能呢？”

她的问题似乎有点尖锐，但它表达了一个很好的观点：正如拜伦·凯蒂所说，当我们为所发生的事情争论，说它不应该以这种方式发生时，我们就已经为自己制造了痛苦。现在我对此有了更深的感受，但回顾事件发生的场景时，我当时太执着地深陷于自己的故事，认为自己就是母亲的受害者，因此，我无法从其他任何角度来客观审视这种情况。

对于这种情况，关键不是要成为一个机器人，以便立马对你的母亲的言行产生自动免疫反应，而是要学会感知并注意这种干扰，然后问问自己：“已经发生的事情的真实意义是什么？我自己给这种情况赋予了什么样的含义？”

这同样也是让我们去理解，当我们所处的关系不能提供我们希望获得的体贴、滋养时，我们感到悲伤也是人之常情。我感到受伤并没有错，但若让这种伤害完全凌驾于我的生活之上，对我来说绝对是个大问题。那些心理自助手册往往会用“这并不是针对你”，或者“这与你无关，这是别人的问题”之类的说法来让我们感觉好受些。我们可以从逻辑上采纳这一点，但当我们仍然感到受伤时，这就变成了另一件让我们自我折磨的事情。

我们的生活中都有应该做和不应该做的事情，不仅仅是为了我们自己，也是为了我们身边的其他每个人，包括我们的母亲。难道不是这样吗？你的母亲很可能也为你列出了一整套应该做和不应该做的事情。

当我决定深入研究我们母女关系问题的那一刻，我把自己能想到的我的母亲应该做或不应该做的事情列了一个清单，然后写下了我希望她做出这些改变的原因，以及如果这些情况实现了，那么我会感觉如何。简单来说就是：我会感到更快乐。这是我所实践过的功效最强大的练习之一。

大多数我提供过咨询建议的女性都相信，如果她们的母亲能做出改变或表现得不一样，那么她们就会过得更幸福。现在，我逐渐明白，母亲的言行对我的情感其实是没有影响的，只有当我思考、解释并选择让母亲的言行变得有意义时，我才会受到其影响。而我又真的很擅长将她的所言所行赋予负面的意义，因此，我就会感到伤心和愤怒。

我也曾坚信，只要母亲按照我的期待去说话做事，我就会获得幸福。但我现在可以告诉你，那些我对母亲设下的所有“应该”和“不应该”的条条框框，只确保了一件事情的发生，那就是我会感受到更多情感上的痛苦和折磨。这些条条框框反而让母亲对我的情绪的掌控力度更大了，如果她不按照这些条条框框行事，那么毫无疑问，我就会产生消极情绪。然后我就会因为自己糟糕的感受而怪罪于她。

我就这样把自己的情绪控制权交给了我的母亲，这其中一直隐藏着一种信念，那就是我是一个软弱无力的、无法照顾好自己的人。当我最终能对自己的情绪负起责任时，无论她说了什么或没有说什么，无论她做了什么或没有做什么，我都能以自己的方式去感受和体验我想要的东西。尽管有时我仍然还会感到受伤，但我已经能通过富有同情心的方式让自己为此负起责任来。

这并不意味着希望你的母亲去做某些事情是不好的，或者向她索要你想要的东西是不好的。但你要明白一点，那就是如果你完全依赖于她，希望她能满足你的需求或让你感觉良好，那么你反而会给自己带来痛苦。因为那是你自己的责任。

当我们的需求、欲望、喜好得不到满足时，我们往往会感到沮丧，但沮丧并不是不可更改的。我们也不必非要感到沮丧。一个有用的解决办法是变得好奇起来，投入更多精力去观察事情的发展状态，而不是总在期待奇迹产生。我再次重申：拥有和表达期望也并没有错。

另外，同样重要的一点是，你要记住，你不必对母亲的情绪和未被满足的需求负责，她如何阐释你的行为，是她自己的责任。当你允许自己不再因为她而产生情绪波动时，你也应当允许自己不再受到她的感受的纠缠。

∨一种思维方式

为你的母亲制定一个不成文的包括“应该”和“不应该”的条条框框，与建立起健康的界限相比，你能看出这二者之间的不同吗？

∨一种写作框架

详细地逐条写出以下内容：你认为母亲应该做什么……你希望她做什么。对于每一项，写下你希望她这样去做的理由。

如果她这样做了，那么你会获得怎样的不同感受？如果她这样做了，那么你对她的想法会发生什么变化？即使她不想这样去做，你也会依然坚持希望她这样做吗？为什么？在你看来，她之所以不这样做是因为什么？当她希望你能以某种特定形式来让她感觉良好时，你对此会作何感受？她会以什么其他方式，来让你对她的感受负责呢？

你要怎样才能摆脱你对她的情感责任？反之，她又该如何摆脱她对你的情感责任？

一项实践练习

在你和他人的日常互动中，如果你发现自己在思考别人应该说什么、做什么，以及不应该说什么、做什么，或者如果你发现自己出现了“应该”的念头，那么你就要感知和注意这些情况。

第 18 章

不被爱的女儿的神话

不久前的一天，一位朋友在 Facebook 上 @ 我，让我关注一个帖子中分享的一篇文章，该文章说的是为什么不被爱的女儿们要拼命摆脱羞耻感。一些女性在下面评论说，这就是她们的亲身经历。

“这就是我本人的故事。我希望自己能有一个爱我的母亲。但我却总是受到母亲的责备。这是一个悲惨的现实。”

其他的评论者都纷纷表示同情，他们感觉当事人一定非常悲伤。一层忧伤的阴影笼罩着整个评论区。

考虑到我的工作属性，当我听到这样的故事时，我并不会感到有多么令人惊讶：

“我的母亲不爱我。”

“我的女儿恨我。”

“我的母亲告诉我，她是多么希望自己从未有过孩子，她想知道如果没有我的出现，那么她的生活会是一个什么样子。”

“我不明白自己到底做错了什么。”

“我的母亲告诉我，如果她没有孩子的话，那么她的生活会好得多。这感觉就像是她在说，她希望我死掉。”

疼痛和煎熬是显而易见的，并且是可以理解的。

然而，Facebook 上的那些评论区对话让我感到很困扰……如果一位母亲不能或不会爱她的女儿，那么这将是一个“悲惨的现实”。它就好像铭刻在石头上一样，无法变更，也因为如此，女儿在余生中获得快乐的能力也将一直受到限制。她就这样变成了一个可怜的人，一个潜能被抑制的人。

别误会我的意思，我完全明白，想到母亲不爱自己时心中的痛苦是怎样的；我完全明白，在充满羞耻感的环境中长大是什么感觉；我完全明白，母亲一直将自己拒于怀抱之外是什么感受；我完全明白，因为童年的不良经历而患上创伤后应激障碍的情况是真实存在的。

我同样也完全明白，当自己被人怜悯，并且潜力被削弱时，会出现另一种奇怪的满足感。

最后呢？我完全明白，我最终能拥有无边无际的快乐，我也同样拥有无限的潜能，去为自己争取到那无边无际的快乐。虽然我也可以在生活中腾出空间，去静静体味悲伤和沉重，但我会尽力让自己的现实生活离悲伤和沉重很远很远。

不被爱的女儿的神话，并不是说天底下没有不被爱的女儿，或者说天底下没有不爱女儿的母亲，也不是说她苦苦挣扎、无法自拔的方式是被疼爱的女儿所不理解的。神话的意思是，她的生活将永远是一个悲惨的现实。

在玛莎·贝克的著作《戴安娜和她自己的化身》中，主人公戴安娜出生时就被遗弃。她被一对夫妇收养，他们却施虐成性，她最终不得不逃了出去。在一个充满幻想的故事中，戴安娜遇到了自己的化身，一头非常聪明的野猪。

“苦难的镜像就是真相。试试看，去改变故事，去改变你整个人生的发展进程。现在就去。”化身对她说。

“你是想让我编造自己的过去吗？”戴安娜边用手背擦去脸上的泪水边问。

“不，我想你用更真实的方式来讲述故事，”她的化身说，“任何故事都可以用无数种方式被重新讲述。亲爱的，但请仔细听我道来。如果一个故事让你的灵魂获得了自由，那么就相信它；如果一个故事将你囚禁了起来，那么就去相信它的镜像。用更恰当的语言来解放自己，回归野性，而不是让自己被驯服、被束缚。”

戴安娜曾经相信：“父母之所以离开我，是因为我愚蠢而无能。”

而镜像是：“我离开了他们。因为我是一个才华横溢的美丽宝贝。”

戴安娜曾经相信：“我不够好，因此我不配拥有父母。”

而镜像是：“我太好了，好得没有人能配得上做我的父母。”

有一位来访者对我分享了她的母亲不止一次告诉她的话，我便和她进行了这项练习。她的母亲过去总说："我从来都不想要孩子，我希望自己没有孩子，要是那样的话，我的生活就会好得多。"

而镜像是："我对父母的最大需要，就是让他们把我带到这个奇妙的世界上，然后我会去体验我自己的生活！我的情感和直觉如此细腻深刻，他们不可能以我所需要的方式来培育我、滋养我。我必须离开他们，这样一来，我才能成长为自己想要成为的女性。"

当我分享这样的故事时，人们难免会说："为什么母亲会说那样的话？如果她们有这种感觉，那么她们为什么在一开始会要孩子呢？"他们甚至会说："一个女儿怎么能离开她的母亲呢？"但是，这些问题对解决我们的困境没有任何帮助。

我们要关注、提出并解决的问题应当是：我们要如何挑战和消除我们已经内化了的厌女情绪，让母亲不再是一个充满压力、要求完美的角色？我们如何才能帮助女孩和女性理解，成为母亲是她们的自主选择，以及无论她们做出什么选择，她们都不应该感到羞耻或有压力？我们怎样才能使女性在母亲一职上，获得更多的协作性帮助和支持性帮助呢？

我自己选择了不要孩子。但现在我可以告诉你，如果我生下了自己在早年时怀上的孩子，我可能也会后悔。我可能也会说，我要是没有孩子就好了。我知道自己也有变得卑鄙和可怕的潜力。

有一个不能爱你或不愿爱你的母亲，并不一定是一个悲惨的现实。这不是你无法改变的命运。在母女关系“不够理想”时，有的人会显得无能为力，她们只能哀叹“这是多么令人伤心啊！”但是我不打算让你继续这么做。因为我不愿意让你成为一个弱化了的、低配版本的自己。

第 19 章

“做自己的母亲”

一天早上，在瑜伽课上，我正在努力练习一个姿势：身体蜷缩，脚尖踮起，脚后跟相触。我低着头，下巴抵在胸前，上半身紧贴大腿，指尖轻轻地触到垫子。

瑜伽老师说："像一粒种子一样，让自己尽可能地蜷缩起来，那感觉就像是自己在环抱着自己。"

我感到自己仿佛正在融化。一种美妙的感觉从我的胸口慢慢升腾起来，泪水模糊了我的眼睛。

还有一次，我坐在自己的安乐椅上，和一位督导老师讨论一些自己难以启齿的事情。当时，我就想让自己躲进小小的蜗牛壳里，再把开口封上。

"问问你的身体，它需要些什么。"她说。

我身体前倾，然后环抱住了自己。

我感到自己仿佛正在融化。一种美妙的感觉从我的胸口慢慢升腾起来，泪水模糊了我的眼睛。

我就是这样做了自己的母亲，从而给自己提供了滋养和关爱。我为自己的一切都留出了包容的空间，去拥抱那些哪怕是我自己都觉得丑陋、可耻或恶心的部分。请接着读下面这个故事。

几年前，我参加了一个为期两天的工作坊。在这之前的几个月里，我的心中充满了矛盾。我既想去，又犹豫。我对这类活动的经验是，如果我去参加，期待它能让我变得有趣和充满力量，那么我就会在这个过程中的某个时刻，发现自己不安、渺小且无力。这种令人不安的感觉往往会突然地袭击我，让我愈发地看不清前路。

然后，在下一次活动中，我就会想："哦，经一事长一智，我已经在……有过类似体验了，这不会再发生了。"然而，这种感受会以一种稍微不同的方式再次袭来，但它依然是基于同一个故事的体验：为了给女性权威人物留下深刻印象或获得其认可，我会"忘记"自己真正想要的事物，转而去追随她认为我应该想要的事物。我总会以期待得到满足的礼貌模样示人。我想给她留下深刻印象，得到她的认可和喜爱。我无法控制这一切的发生。

当我告诉我丈夫这件事时，我突然说出了这样一句话："这听起来也许很疯狂，我在那种环境中感觉不到'安全'，因为我觉得我会被迫去做违背自己意愿的事情。"

然后脑子里砰的一声，我突然想起了一件事，当时我大概五六岁的样子，我的母亲和继父带我去了某个地方旅行，我们在一家酒店过夜。我只带了一件冬天的睡衣，但那天却很热，因此他们给了我一件继父的 T 恤衫让我穿着睡觉。

我的母亲非要给我拍一张我穿着继父的 T 恤衫的照片，但我十分不愿意。我跑进浴室里躲了起来，他们却强行闯入。然后我躲在被子下面把自己裹起来，他们却把被子整个掀开。当我在房间里四处逃窜，试图躲藏起来的时候，他们却给惊慌失措的我拍了许多照片。

他们觉得这很有趣，我却感到手足无措。

直到现在，在经过了这么多年之后，我依然深深地记得自己当时的想法和感受。

我当时的想法是：我想要什么并不重要。我当时的感觉是：我感到被冒犯了，并且我无能为力。

在 50 年前的那一刻，这件事情实实在在地发生了。尽管它已经过去了很久很久，但在其后很长一段时间里的某些时刻，特别是在某些女性权威人物在场的情况下，那种感受又一再出现在我身上。

我重塑了这个故事带给我的体验：我可以参加一些活动，同时抛弃之前与之相伴的无意识的想法和情绪。我的喜好很重要。我可以进行选择。我有自己的主观能动性。我不要背叛自己。然后呢？如果有那么一刻，我发现自己又出现了这种不安的感觉，那么我就可以轻轻地环抱住自己，“做自己的母亲”，给自己以滋养。我可以轻声询问自己内心那个困乏的、缺爱的小女孩，她需要我为她做些什么，然后我会毫无保留地全数给她。

你也可以这么做。

你是如何开始环抱你自己，去“做自己的母亲”的？

你可以从精神上和情感上把生出你的女性从“母亲”的角色中分离出来。你的母亲永远是你的母亲，但你不仅可以把自己从以她为唯一参照标准的角色中分离出来，也可以把自己从以她为主角的故事和信念中分离出来。

从你呱呱坠地的那一刻起，甚至在你还漂浮在子宫里的时候，你与母亲的关系就成了一个向导，它教会了你在随后漫长人生中为人处世的方式。它是你与自己之间的关系的蓝图。你的母亲的信念是你自己的信念的基础。你既学会了像你的母亲对待她自己那样去对待你自己，也学会了像她对待你那样来对待自己。这通常是一个完全无意识的过程。你在将自己的经历不断内化吸收。

母女关系的本质看起来是那么恒常、久远，无可变更，它仿佛雕刻在石板上的法典一样，让人不得不从。因此，这会时常让人禁不住感到，你和自己的关系也会像母女关系这样天命难违。

我们中的很多人，都有一个“我不够好”或“我有些不对劲”的故事。你知道，我也一样有这样的故事。

这些故事和这些故事中包含的我所秉持的信念，在我的生活中以无数种方式重复上演，从我认为自己不值得被一个好男人深爱（因此，我在25岁时嫁给了一个为了绿卡娶我的巴西男人），到暴饮暴食，再到疯狂散财，负债累累。

结果，在很多年很多年的时光中，我都坚信自己无法照顾好自己。当我开始练习去悦纳自己，即我不与现实一争高下时，我才意识到，自己不必毫无自我地去笃信母亲的故事，也不必因为采纳了这些故事后过得不好而去责怪她。我所需要做的，只是去学习和实践不同的事情，不再重蹈覆辙。作为一个成年人，这是我的选择。

我曾听到过类似“做自己的母亲”以及实践自我照顾的说法，但这些说法往往让我觉得陌生或让我感到困惑。我过去认为这意味着自我责备、自我苛待，并且这样做会让人不愉快、难过，甚至会带来煎熬和折磨。这些令人不安的部分几乎就是我成长的全部方式，因此，我当然无法想象这种说法中所具备的关于温暖的部分。

经过多年的尝试和错误，我对“做自己的母亲”这种说法有了一些深刻的体悟：这是自我照顾的终极形态。这跟泡泡浴和足部按摩那样的舒缓身心的放松形式无关，这是一种经过深思熟虑后的实践，这意味着以你所定义的形式承认、尊重并满足你的需求和偏好，或者确保它们以健康的、相互依存的方式得到满足，而不是以一种功能失调的、过度依赖的、相互纠缠的方式令你举步维艰。也就是说，这是你应当自己承担起的责任。

想要实现它，既不需要你去动用武力、意志力和操纵力，也不需要你去跟你自己或你的母亲讨价还价。与其因为你认为自己“错了”的事情而责备她或你自己，倒不如开始改变你内心中对为母之道的定义和诠释。然后你就可以明白，不应当指望一个不完美的人类女性，来扮演一个完美的母亲角色。

“做自己的母亲”可以包括你需要和想要的一切：接纳、养育、护理、以身作则、归属感、自信、恢复力、独立性、信任等。以下是“做自己的母亲”的一些方式（请注意，这并不是在真空或孤立的情况下发生的。“做自己的母亲”的一个关键部分是，对一切可以为你提供你想要的滋养方式的其他人，你要保持开放和接受的姿态，要知道何时向何人去寻求帮助）：

- 不需要为了获得归属感或被爱而做出改变，要能真正地去接受自己所获得的爱，这些爱既来自他人，也来自自己；
- 健康、营养的食品，以及舒适的体感；
- 选择富有洞察力和具有高度感知力的人物作为自己的榜样和导师，同时自己也要成为自己的榜样。你要询问自己，“在这种情况下，我如何才能喜欢和尊重自己？”以及“未来的自己要如何以现在的自己为傲？”等问题。
- 鼓励自己培养起自信、韧性和独立性，而不是过分地需要和依赖别人，并对那些不鼓励你相信自己的人保持警惕。

一旦你把“为母之道”的概念从你和你的生物学母亲的关系上分离出来，你就能更加开放地接受形式多样、异彩纷呈的母性表现，其中也包括来自你自己的那部分。有时，你需要了解自己那些可能需要一些母爱关怀的脆弱部分。

在你感到自己可悲、不可爱、恶心、空虚、贫穷、愚蠢、无知、无助和无能的时候，请集中注意力来观察自己。这些感觉源于你对自己所秉持的信念和你的自我认知。诚实、开放地看待这些感觉和你当前所处环境之间的联系，你就能开始看到，什么样的母爱和关怀，能滋养你那深藏的、未被满足的需求。

如果你愿意放弃那些永远无法实现的愿望，并且愿意对当下所获心怀感恩，那么你就能获得母爱的温暖。你的母亲可能因为某些原因而限制了她对你爱的施与，但母爱的能量却在天地间永存不灭。

“做自己的母亲”意味着你要进行一下转变。你曾经责备母亲的缺点，但同时又不得不依附于她，现在你需要发现并激活自己内在的母爱的能量，这种能量能无条件地拥抱你、滋养你。每当你去这么做时，你都能在情感上变得更成熟，你会越发地充满能量。

不管外界发生了什么，也就是不管你的母亲做了什么，或者没做什么，当你发现自己是多么可爱、多么善良、多么充满价值时，你便是在“做自己的母亲”。这时的你已经不再需要为了获得你的母亲的认可或支持而依赖她。

你不再因为认为自己不够完美而不配做你的母亲的女儿，你不再因为你的母亲不是你想要的样子而悲叹自己的不幸，因此你能更好地从别人那里接受爱。

你能以富有同情心的客观态度看待你的整个自我，这意味着你能承认自己的不足、缺点、错误，同时也能承认自己的善良和价值。外界的认可终将会到来，但你不再需要完全依靠它来让自己感觉良好。问问自己下面这些问题：

- 我在哪些部分需要更爱自己一些？
- 我在这种情况中学习到了些什么？
- 这种情况向我展示出，我对自己的看法是什么？
- 我能为此做些什么？

在整个自我感知的过程中，我希望你能以一种充满好奇、热情、善意和同情的态度对待自己和这个过程。其中最关键的就是去练习和去理解的意愿。就像一个蹒跚学步的婴儿一样，你一定会摔倒，但你也一定会想要重新站起来再试一次。要知道，这是一个令人兴奋的过程，因为你一定会对自己未来能到达的远方充满着渴望。

同时，你可能也会发现，自己在这个过程中产生了悲伤的情绪，但这很正常。这并不意味着你做错了什么，或者你倒退了。这种感觉同样是这个过程中重要的一部分。

你可以自己成为你一直想要的那种母亲。你可以选择一个自己愿意接受的部分，以它作为起点，与你的母亲建立一种连接。哪怕她已经离你远去，或者你在当下还不愿意去跟她交流，这种做法也是值得尝试的。

V一种思维方式

“做自己的母亲”的一个重要部分，就是要学习以一种支持你成长的方式，将你的故事再重新讲述一遍。下面是一些你可以进行参考的写作提示，它们将帮助你重新定义你现在是谁、你相信什么，以及你想要去相信什么。

一种写作框架

- 你的母亲直接地（耳提面命式地叮嘱）和间接地（潜移默化地影响）向你传授了哪些观念、价值观和经验？其中不仅包括你很高兴学到的东西，以及你希望从没学过的东西，还包括你对自己的身体、食物、男性、其他女性、与你不同的人、婚姻、金钱、友谊等的观点。
- 你相信和珍视什么？
- 它们与你的母亲所教授的内容是否相同？
- 你希望去相信、去珍视什么？
- 你与母亲达成了哪些协议？你们通常在默认状态下对这些协议达成了一致，虽然你们双方都没有意识到它们，但却受其约束。例如："我不太可能会获得很大的成功，因为我担心母亲会感受到威胁。"
- 你的母亲在哪些方面做得不够？
- 什么是你需要或想要，但却从未得到过的东西？

- 你要如何才能开始去承认、尊重和满足自己的需求和偏好？
- 在你生活的哪些方面，你对自己不够友善、不够温柔？
- 你如何向自己以及其他人证明你很重要？
- 什么是你脑海中挥之不去的消极想法？
- 这些消极想法是你自己的，还是你的母亲的？

不再

自我折磨

自我挣扎

自我憎恨

第 20 章

在产生强烈的情绪时“做自己的母亲”

我最早的羞耻经历之一，是在我一年级的时候。因为我戏称一个同学是爱哭鬼，老师便罚我放学后留下来，并在黑板上罚写从 1 到 100 的数字。

直到现在，我还能清晰地记得，当时自己脸上那火辣辣的灼烧感，我的胃里像翻江倒海一样，呼吸也不由自主地变得又浅又急促。

与之相伴的，还有一种“这不公平！”的感觉。因为我确信，随便在路上某个地方，都有可能会冒出个人来叫我爱哭鬼，但他们却不会受到任何惩罚。这个人甚至可能是我的母亲。尽管她没有真正如此直白地这么称呼过我，但我心中住着的那个小小的女孩，始终对父母的离异和分别充满了难以言喻的、无法释怀的悲痛，而我的母亲，也并没有给这样的我留出空间。

我曾经蓄积了巨大的情绪能量。它们激烈奔逸、无法束缚、不可预测，哪怕直到现在，我还偶尔受到它们的影响。我的父母不止一次称我为“莎拉·伯恩哈特”，她是19世纪末的一位“天后级”女演员，据说她的表演充满了夸张而戏剧化的呈现，让观众不得不全盘接受她大开大合的悲喜表达。

我怀疑，你的母亲、我的母亲，以及许多其他母亲，其实都很害怕我们表现出强烈的情绪，因为她们认为“情绪化”是一种软弱的表现。而如果我们是软弱的人，那么我们可能就会无法生存。再加上在当时的社会环境中，人们认为女性不应该表现出她们所拥有的力量，包括情感、身体、智力或其他方面的力量，因此，你便可能会由于强烈的情绪，以及被迫压制它们所造成的内心冲突，而产生极度的混乱感。

前不久，在回应某人对我的评论时，我经历了一场彻彻底底的、充满羞耻感的大崩溃，同时我因为感觉自己无能而十分愤怒。我蜷缩在床上，像一个失去理智的、愤怒而伤心的孩子一样抽泣着……可悲、羞耻、心碎和愤怒交织缠绕在一起，像滚雪球一样越滚越大，将我袭击得遍体鳞伤。我想，自己已经40多年没有过这样的感受了。

丈夫好心地问我，是否想要偎依在他的怀里。我泪流满面地回答："是的，但我要装作自己不想的样子。"

这是一幕"做自己的母亲"的缩影，一团充满同情和温暖的火光在我和他之间升腾了起来，在那一刻，我知道他想要来安慰我，我也需要他来对我进行安慰。

现在已经54岁的我，和那个一年级的我之间的最大区别是，在极度不舒服的情绪中，尽管我还是有一些"不受控制"，但我现在能保持觉察。我能给自己一些时间和空间，再加上一些额外的来自"做自己的母亲"的滋养，我最终慢慢从羞耻感和受害者心态中走了出来。

没有人能免于羞耻。我们都会时不时地进入受害者的意识状态。这是正常合理的，这是自然而然的，这并无不当，这是健康而非病态的。这不是世界末日。这证明不了我们存在任何问题。我们总是有能力，去精心照顾我们珍贵的自我。

当我写下这类内容的时候，人们问我最多的问题就是，“你说的没错，但我该怎么做呢？”

我曾在一个育儿博客上读到过一个关于“火车过隧道”的比喻，它具有一定的普适性，我们可以将其用在许多地方。凯蒂·麦克劳克林就是这个名为“任选其二”的育儿博客的博主，她说强烈而难搞的情绪是隧道，而我们是穿越隧道的火车。“我们必须在黑暗中坚持一路前行，最终才能到达终点。你知道，这终将会实现！隧道尽头，是那安抚人心、宁静祥和的光亮。这听起来很简单，但却说起来容易做起来难。”

问题是，我们的父母、朋友、配偶、同事，甚至整个西方文化，都可能会在我们穿越情感隧道的旅途中阻断我们。这是因为在我们所生活的环境中，人们不喜欢看到其他人尤其是孩子在激烈的情绪中苦苦挣扎，所以人们会试图说服处于情绪中的我们不要这样深陷于情绪，或者以某种方式把我们从情绪中解救出来，这样一来，大家才能松一口气。

但当我们去阻断人们的情绪的时候，我们也阻断了他们的韧性。

凯蒂接着写道："作为成年人，在面对自己的情绪挣扎时，我们经常试图尽早走出隧道。我们会'梆梆梆'地用力敲击隧道两边的岩壁，困惑地想为什么我们还看不到出口的光亮，却忽略了一点，那就是隧道中嗡鸣回荡的回声其实在告诉我们，这段旅途还很长很长。有时我们会在黑暗中抱膝蹲下，闭上眼睛，假装自己根本不在隧道里。我们会对别人说，一切都很好，谢谢关心，不用管我；有时我们会做很多其他事情，比如吃冰激凌、喝葡萄酒、网上购物、跑马拉松、疯狂刷剧、在手机上玩不费脑子的小游戏，或无意识地浏览社交网站，来分散自己的注意力，让这些看似快乐的小动作来掩盖我们其实正受困于隧道之中的事实。但是，这些小快乐并不能帮助我们走出隧道。"

当我们最终允许自己抽噎、号啕、跺脚、暴捶枕头而不对自己加以评判时，我们不但能感觉更好，而且能调动我们的最佳状态，并向自己展示，我们其实是多么富有韧性。我们是可以允许自己崩溃的，然后再擦干眼泪，重新振作起来。

V一个记忆重点

情绪只不过是我们在身体中所体验到的运行和波动的能量。当你对它们进行阻断时，你也就阻断了自己的韧性。

V一种写作框架

对于你和你珍贵的自我，你将如何通过强烈的情绪来使自己得到纾解和宽慰？你会如何对自己的苦苦挣扎表达共情和传递同情？什么事情能使你感觉正确和良好？

V一项实践练习

感知和关注他人正在经历或表达的情绪。当人们正在穿越自己的情绪隧道时，练习着去陪伴他们左右。现在，试着自己去做做看吧！

第 21 章

如何打破羞耻感魔咒

2015 年 4 月，伊丽莎白 · 吉尔伯特在 Facebook 上发了一个产生了史诗级影响力的帖子，内容与部落耻辱，以及马里奥 · 马丁内斯博士的工作有关。马丁内斯博士写了一本书，名为《心身密码》，他在书中研究了我们的思想和情绪如何影响我们的身体健康。另外，他对羞耻感影响身心的有害方式特别感兴趣。

吉尔伯特的文章非常值得一读，大概内容是：“……如果你胆敢离开你的原籍部落，或者如果你胆敢质疑你所在部落的规则，那么你极有可能会受到惩罚。有时这种惩罚可能是暴力的、极端的……但惩罚往往更微妙……他们最有可能用来对付你的武器是羞耻感。羞耻感是他们让你遵守秩序的工具。他们利用羞耻感来让你知道，你已经与集体背道而驰。”

直到大约 6 个月后，我才将这件事与我自己建立起联系。我发现这正是我的母亲和我之间发生的事情。我也意识到，我一生中的大部分时间都在无意识地相信，我的母亲有能力毁灭我。

由于害怕母亲对我的否定，因此我花了大量的时间来扭曲和规训自己，以获得她的爱和认可。在我看来，她的否定就是对我的摧毁，我也对她能躲就躲，尤其是当我怀疑她不喜欢或不赞成我所做的事情时。尽管从理智上说，我并不认为她真的能杀了我，但在我的内心深处，这是一种令我不安的潜在事件。

而让事情变得有趣的部分就是从这里开始的。由于我所接受的培训和我在这个问题上所做的工作，我心里明白，这种可能性真正存在与否，其实并不重要。

在过去，我会进入受害者模式。我会用这种想法作为借口和理由，来相信我的母亲是邪恶的魔鬼，以及相信我需要保护自己。

而如今取而代之的做法是，我会选择去注意到，在这些年来，这种想法和由此产生的情绪是如何在我的生活中出现的。我问自己，这种情况是否能为我的生活带来好处，答案是绝对不是！慢慢地，在几个月的过程中，我的恐惧开始逐渐消失，曾经秉持的信念（即相信她有能力摧毁我）也渐渐地开始枯萎和死亡。那些我曾经认为仿若深深刻在石板上坚不可摧的真理，现在也开始逐渐消散……这更像是被人写在沙滩上，然后渐渐消失的字。

让我们再次回到吉尔伯特发布的帖子上……

在这篇文章中，她概述了一个练习，这个练习是马丁内斯博士为帮助人们从恐惧和羞耻感中解放出来而创建的。你可能会发现这个练习很有帮助。我进行了一些微调，以更好地适应本书读者的需求。

第一步，静静地坐着，让你的思绪和呼吸平静下来。在你的头脑中树立起一个信念，承认你需要抛弃自己的母亲，以便过上你想要的生活。承认她会感到你背叛了她。

第二步，大声说出："妈妈，我现在要抛弃你，我现在要背叛你。”

吉尔伯特说，这是一种很有力的练习方式，因为你这样说出的话语，恰恰与你在这一生中所试图证明的东西背道而驰，你一直试图证明自己没有背叛或抛弃自己的母亲。为了证明自己是忠诚的，没有做错任何事，也从未有过任何改变，你甚至可能会让自己生病。

但这并不会起到任何作用，因为她不相信你。因为她和你都知道，当你选择了一条不同的道路，为自己进行更多考虑时，你就是背叛了她、抛弃了她。但你之所以改变，是因为你需要改变。你之所以会离开她，是因为那是你成为你自己的唯一途径。

然后呢？一切依旧会很好。为什么？因为离开她并不意味着你不爱她。

正如吉尔伯特所说的那样，“这个练习与爱无关”。你可以永远深爱你的母亲。这个练习的意义在于，打破羞耻感魔咒的唯一方法就是拥有自己的生活，并且你会看到，不完全亦步亦趋地遵从母亲的价值观生活，后果也并非是可怕的。

第三步，把你想象成自己的母亲。用她的声音对自己说："我完全能理解你所做的这一切。我原谅你。我也希望你感到快乐。"

重点是，在这场想象中，你要把握好对话双方的角色。

第四步，重建马丁内斯博士所说的，属于你自己的"荣耀领域"。羞耻感之所以能形成破坏，是因为它会攻击你的荣耀感。吉尔伯特对此阐释如下："每个部落都有自己的荣耀准则并受其制约，一旦你违反了这一荣耀准则，部落就会直截了当或含沙射影地指控你毫无价值可言。这种指控会让你无地自容，从而陷入病态，这就是你深受折磨的原因。"

因此，你必须重建自己的荣耀领域，以便让自己再次健康起来。

要做到这一点，你需要列出自己所有值得尊敬的时刻，越早越好，从你能记事时开始。在你一生中的第一次高光时刻，你做了些什么？从那里开始，写下所有让你值得尊敬的方式。

"你是一个真正值得尊敬的人。荣耀就在你的内心。

你必须重建这片荣耀领域，因为这是你抵御羞耻感的唯一防御措施，羞耻感总是试图摧毁你的荣耀感，让你变得软弱无能，再让你不得不回到母亲的‘羽翼之下’。”

第五步，感受义愤填膺。请注意，我并不是建议你在愤怒的驱使下采取任何行动……只是感受一下而已。

当你面对羞辱的第一反应是义愤填膺时，你就会知道，你正在守护自己的荣耀领域。如果你的母亲试图羞辱你，而你能主动地感到义愤填膺，而不是被动地接受羞辱并产生羞耻感，那么你就正在成长之路上不断前进，你终将拥有健康的情绪。

马丁内斯博士建议到，在你的生活中，健康的愤怒、适当的愤怒、正义的愤怒都是有其积极作用的。正义的愤怒是一种迅猛、炽烈的火焰，它能去除羞耻感的毒性，并保护你的荣耀领域。这种愤怒像巨龙一样升腾而起，它一边口吐烈焰一边咆哮：“你羞辱我试试！”这种愤怒是正确、公正且公平的。你有权拥有且必须恰当使用这种愤怒。

你是一个充满荣耀的人，不应当随便遭到羞辱。当你的母亲试图羞辱你时，正义的愤怒可以保护你不去批判自己。因此，在你经历羞辱时，你要学会感知并注意这种义愤填膺的感觉。

跟我说，“我不应当随便遭到羞辱！”

根据你的需要，进行反复练习。

不再

自我折磨

自我挣扎

自我憎恨

第 22 章

当你决定改变时

觉醒和改变的过程，对我和母亲来说都并非易事。在写这本书的那段时间里，我们维持关系的主要方式，是通过互相寄出生日卡片、通电话和发送电子邮件完成的。

在断联了好几年之后，我们开始通过稀稀落落的电子邮件，慢慢地重新建立起了联系。对我来说，这是一个很好的机会，来将我在这本书中所阐述的概念付诸实践。2014 年夏天，我们终于面对面地团聚了。这次团聚充满了美好和温馨，但也因为我选择捍卫自己的界限而出现了一些紧张的时刻。对于我不愿意进行的一些谈话，我会让母亲知道，我对这些与我无关的话题没有太多的兴趣。是的，我指的是与“我”无关。当时她希望和我谈论我们家族中的另一位家庭成员，她认为这个人背叛了她。这当然与“我”无关了！

此外，我向她解释说，我正在练习着不让自己受制于她的认可，我不再让她对我的感觉负责，我也不再对她的感觉负责。我说：“如果你要因为我而感到失望或羞愧，那是你自己的事情。”

当我们道别时，她问道：“我们以后还能通话或者见面吗？”我回答：“当然可以。”

然而在随后的时光中，我们并没有像约定中那样通话或者相聚，而是继续通过电子邮件沟通。2015 年春天，我问她是否愿意再次相聚。她在回复中表示，她不觉得我们的相聚具有任何意义，而且，她觉得和我在一起会很不舒服。

这刺痛了我的心。我禁不住哭了，一抽一抽地，几乎要背过气去。我心中的小女孩感到自己被她最亲爱的母亲冷冷地拒之门外。我立马就想通过各种方式在社交媒体上向任何愿意聆听的对象倾诉……

“看！看看她现在对我做了什么！”

比起费力去创造一个新的故事，此刻的我更愿意去创造一个理由，让我的“故事”继续作为我人生的背景音乐，再次欢快地在空气中单曲循环。然而，作为成人的我，却松了一口气。接着，我感到了内疚，不仅因为我在某种程度上得到了解脱，也因为我在内心深处希望她拒绝我，这样一来，我就不必成为那个坏人。我甚至能借此举办一个大型同情派对，来好好博取所有关心我的人的同情!

因此，也许在我内心中的某些部分，是希望这样的事情发生的，这样一来，我就可以继续扮演那个相较于她来说更为“正确”的“好人”。然而，我内心中的另一部分却感到内疚，因为即使我现在已经在情绪上变得更为踏实和成熟,我却依然“抛弃”了自己的母亲。我是否激发了她拒绝我或惩罚我的欲望？又或者，我只是抛出了一团乱麻，让她来选择是将其理顺成团还是快刀斩断？这些乱七八糟的想法，让我不禁陷入了思维的怪圈。

在大约一个小时的时间里，我的心理变化从“自我怜悯”模式（通过我心中那个无法照顾自己的无助的小女孩表现出来），转化为“爱谁谁，爱咋咋”模式（通过我心中那个叛逆的少年表现出来），然后进入“假装进化完全的成人”模式（通过自言自语“我是如此超脱”表现出来），最后又回到了自我怜悯上。

也就是在那个时候，我发现自己的逻辑过程处于无意识的思维定式之中，我不禁放声大笑。多亏了母亲，我才发现自己的意识是多么地习惯于用“自我怜悯”模式来处理问题。我几乎能感觉到，神经元在一直沿着我大脑中的老旧通道传递脑电信号。我的大脑喜欢“自我怜悯”模式。

于是我问自己：“在这一刻，我到底想成为谁？我要说些什么，才能让我喜欢自己？”我的回答是：“我想成为一个不被动的、不充满防备的、不寻求怜悯的成熟女性，我可以选择去爱我的母亲，而不是沉迷于母女关系中的戏剧性冲突。我想要自由。”

我想成为自己的大女主。

因此，我在电子邮件中点击了“回复”并写道：“好的，如果你改变主意，那么请告诉我。”这让我感受到了自由。

当你改变母女关系中的某些行为方式时，她可能会不喜欢这样的变化，她可能会在某种程度上反对这些变化，或者对变化感到困惑。当新的界限和关系模式开始建立时，一些不稳定的张力也会随之开始出现。这是一种极其普遍的现象。

一种思维方式

当你无法控制你的母亲的反应，以及她对你的改变所做出的反应时，你可以选择顺其自然。这并不能保证你再也不会感到伤心或生气，而是保证你能支持自己应对这些问题。在你与母亲的关系中，以及你与自己的关系中，你将知道如何处理这其中所产生的所有情绪。你也将知道，在这个过程中最充满力量的部分，就是你能选择自己所想要的感觉，因为这能让你坐在驾驶座上，手里掌握着可以通往人生任何方向的方向盘。

不再

自我折磨

自我挣扎

自我憎恨

第 23 章

选择无条件的爱

既然你已经理解了自己的思维和情感的本质，以及它们是如何联系在一起的，那么让我来问问你：你想要对自己的母亲有什么样的感觉？在你人生中所体验过的所有感觉中，你会选择用哪一种来对你的母亲进行感知？

我猜，爱不是你的选项之一。至少肯定不是我的。

起初，我认为自己永远都无法去爱我的母亲，也无法停止在她身边时所产生的危险的感觉。正如我在前面所说的，多年来母亲一直让我感到愤怒、痛苦和怨恨。虽然我知道这对我不好，但我相信这些情绪保护了我。我明白自己能克服消极情绪，但我担心，如果我让这些情绪过去，那么母亲就会“赢”，我最终会屈服于她想要的一切，并始终对她唯命是从。如果情况变成这样，那么这就意味着我永远无法摆脱她对我的虐待行为或她的失调行为。我想去爱她，但我不知道，如何在做到这一点的同时去保护好自己。

当时，我处在一个非此即彼的立场之上：要么我通过保持愤怒来保护自己，要么我去“爱”她，然后让她把我整个吞下。这就是当时我拥有的全部感受。我之所以会有这样的感受，是因为在当时，我不明白爱是一种我能去选择进行感知的情绪，而不是一种强加在我身上，甚至是对我进行索取的概念、动作或者行为。

从恐惧、愤怒，到欢欣和爱，所有的情绪都是我们在身体中能感知体会到的波动和震荡。羞耻感通常会让我的脸上和脖子上觉得火辣辣的，悲伤会引起我的喉咙和心脏的剧烈疼痛，愤怒会让我感觉到像被暴风撕裂般痛苦的窒息，焦虑会让我觉得膝盖酸软，呼吸急一阵浅一阵，胃里一阵一阵地抽搐。

然而，爱是怎样的感觉呢？那是在我的胸腔和腹腔中，逐渐升腾而起的一种温暖的感觉。我对爱的了解越多，我就越知道，爱是一种无条件的情感。我之所以能创造爱、感受爱，是因为我想这么去做。因为我喜欢爱的感觉，所以当我在想到自己的母亲时，与其选择愤怒、痛苦和怨恨（这确实让人感觉不太好），我更愿意有意识地选择去感受爱（我不是在用一种标榜着“爱与光”的旁门左道、怪力乱神的方式来谈论这个问题）。同时，我也选择去维护好自己的界限。

当你选择去感受爱时，你就能无条件地感受到爱。这既不意味着你要为你的母亲的感受或名誉负责，也不意味着即使在你不愿意的情况下，你也必须花时间陪着她或跟她交谈。你不必向她示好，或假装喜欢她，你也不必对她的命令言听计从。

既然你已经学会了如何去感知和关注自己的感受，以及如何将这些感受与你的想法联系起来，而不是将它们与你的母亲的言行联系起来，那么你就能做出理智的选择了。

我的母亲不必为了让我感受到爱而做出改变，对这一点的理解十分有助于我对爱做出选择。爱应该是无条件的。让我自己感受到爱，是我自己的责任，而不是她的责任。我不必依靠她所做的任何事情来让我自己感受到爱。于是，当我选择去爱我的母亲的时候，我就开始感受到了它的存在，并且，我喜欢它带给我的感觉。

我建立起了良好而健全的界限，这些界限来自我们双方对彼此的爱和尊重。最重要的是，当我不再将让我感受良好的责任强加在她身上时（但她仍需为她的行为负责），我自己也卸下了对她的行为负责的重担。我们是两个独立自主的女性，我们是母亲和女儿。我们各自拥有强大而美好的力量。

一种思维方式

大多数人把爱等同于容忍不良行为。我们不如用一个新的观点来将这个想法取而代之：爱永远是一种选择权。你并不总是一定要做出选择，但你始终有这个权力。爱不会进行有条件和无条件的区分。爱并不意味着容忍不良行为或毫无界限，良好的界限是让爱永葆生命力的重要部分。即使你选择再也不见你的母亲或再也不和她说话，当你想到她时，你也依然可以选择去感受自己对她的爱。

一项实践练习

● 闭上眼睛，深吸一口气。舒展你的肩膀。放松你的眼睛。再深吸一口气。

● 想想你所爱的人或事物。想想这个人或事物给你的生活带来了多少幸福。

● 继续将注意力集中在这个人或事物之上，直到你开始觉察到自己的身体感受。描述一下这种感受。你在你的身体的什么部分感知到了这种感受？这种感受质地如何？它是什么温度的？它是什么颜色的？

● 现在，想想那些很难让你去用爱进行感受的人。唤起你因为这个人而产生的愤怒、怨恨或苦楚，直到你开始感知到自己的身体感受。就像你对无条件的爱的了解和体悟一样，去充分了解和体悟这种感受。哪种感受更好？

● 充分了解并选择去感受无条件的爱，是你送给自己的一份珍贵的礼物。这份礼物已经被你收入囊中，如果有需要的话，你现在就可以打开使用它。

● 你要知道，无条件的爱并不意味着容忍他人的不良行为，甚至不意味着必须与他人见面或交谈。这只是意味着，当你想到这个人时，你仍然会选择去感受到这个人的美好。

第 24 章

挣扎的另一面

从某种程度上来说，我和我的母亲的关系，自始至终都伴随着挣扎。在这本书中，我分享了很多这样的例子。我还记得这样一幕：小小的我坐在自己高高的儿童座椅上，愤怒地号啕大哭，只是因为我很犟地不肯吃完她做的牛奶麦片粥，她便将整碗粥扣在了我的脑袋上。

而在最近的一段记忆里，我那时透过一扇开着的窗户对她微笑，她却冷笑着向我竖起了一根手指。

这些记忆给我带来了绝望感、无助感、焦虑感、自我厌恶感及无能的愤怒感。我不仅责备我自己，还责备我的母亲。责备又让我产生了羞耻感。这些感觉，周而复始，循环往复。

正如你现在已经知道的那样，强烈的情绪会致使你做出一些非常戏剧性的失控行为。对我来说，那就是暴饮暴食；在所有错误的地方寻找爱情；疯狂消费以至债台高筑，不得不宣布破产；过于试图控制他人，甚至到了几乎破坏了所有重要关系的程度；在一些时候，我还会狠狠伤害那些我所爱的人。

在更微妙但更深刻的层面上，我为自己充分探索、利用、分享我的天赋和才能设置了障碍。我一直在想，如果之前生命中的某些条件发生变化的话，那么我会是谁、我会是什么样的人；又或者想，因为我没有把握好先前人生的方向，所以我已经浪费掉了许多时光。我总在抱怨和哀叹，但我从不相信事情可以以另一种方式发生。然后，为了避免自己在母女关系中挣扎，我错误地将她从我的生活中剔除了，但我其实花了更多的时间、注意力和精力在这件事情上。

现在，我可以告诉你，这样做的感觉其实不太好……这只是治标不治本的表面功夫。即使我告诉自己，情况已经和之前不一样了，我也没有感受到自由，以及内心的安宁和平静。

我知道自己需要并且想要更多的东西。到了对自己在更深层次上进行抚慰的时候了。因此，我在这个问题上做了很多准备工作，我也将继续这样做下去，因为这项工作对我们所有人来说，都是一场漫长而持续的终身修行。我向自己提出了一些不好回答的问题，更重要的是，我回答了它们。答案令人非常满意。这是我有生以来第一次知道：生活在一种对我的母亲没有持续负面想法的生活中，是多么美好；生活在一种不依赖我的母亲的肯定和支持的生活中，是多么自由；生活在一种我是我自己，而不是母亲的谁的生活中，是多么幸福；生活在一种对我的母亲不再恐惧的生活中，是多么快乐。

虽然母亲和我有时会疏远，但我不必等到她永远离开后才能获得不同的感受。它不依赖于任何人或任何事物，除了我自己。真正的自由来自你的思想。没有人能让你获得自由……只有你自己才有能力这样去做。

因此，在这个过程中的某个节点上，不管我的母亲是否依然健在，不管我的母亲是否同意我和支持我，我都决定去让自己获得自由。那么，获得自由的感觉是什么样的呢?

想象一下，不要因为你害怕你的母亲会说些什么，而不去创造任何自己想要的东西。

想象一下,你可以不用道歉或解释,就果断地说“不”。

想象一下，你能为自己设立界限，这个界限能服务于你的需求，并改善对你来说最重要的关系。

想象一下，你可以好好地照顾自己的身体、心理和精神。

想象一下，你能满足自己的需求，并且能在需要获得帮助时去寻求帮助。

想象一下，你的努力不会被破坏。

想象一下，你不必去强迫自己。

想象一下，你不会去伤害自己。

想象一下，你能在一个令人兴奋的节点上设定目标，而无须考虑任何其他人的想法。

想象一下，你想要以何种形象存在于这个世界，然后知道这是你一贯如此的心之所向，最后去践行它。

想象一下，你不再害怕去跟他人分享你的真实自我，以及你的工作。虽然你可能会感到紧张，但你完全可以应付。

想象一下，你不再害怕“直触灵魂”，并且能理解，“直触灵魂”不会像一直以“自欺欺人”的方式活在问题之中那样痛苦和可怕。

想象一下，你会被允许犯下错误并体验失败，而不会因此陷入羞耻和绝望。

想象一下，你会被允许产生怀疑和困惑，即使这一刻非常糟糕，但你知道这只是暂时的。

想象一下，你会拥有甜蜜而强大的后盾来支撑你的所有选择。

想象一下，你爱着这个世界上独一无二的自己。

现在呢？想象一下这些思维方式对我们的后代所产生的积极影响。虽然我们的母亲可能无法像我们所期待的那样，在言传身教中为我们树立积极良好的榜样，但我们没有理由就此接受这一切并将其代代相传，我们应该从现在开始就做出改变。

不再

自我折磨

自我挣扎

自我憎恨

第 25 章

致本书女性读者的母亲

我敢打赌，当你的女儿谈论你们之间紧张的母女关系时，你可能会将其解读为，女儿认为你是一个坏母亲，甚至可能是一个坏人，而她正是因此而遭受痛苦的人。你甚至可能会理解为，女儿认为她才是这段关系中的“好人”。

然而事情是这样的：她只是有些与众不同。

因为在她这一生中，她都在希冀和渴求着你的爱与认可，她有时会扭曲、改变和隐藏自己。她之所以会这样去做，并不是因为她认为自己曾经做了些什么不好的或者错误的事情（她确实也没有做错什么），而是因为她担心，如果你看到了真实的她，那么你就会将你的爱全部收回。

而现在，她成了真正的自己，这让她看起来好像变了个人。她不再那么亲近你讨好你,也不再那么柔软可塑。她也不再像以前那样容易被控制和操纵了，这种改变会引起一些摩擦，甚至是疏远。

关于你的女儿，你需要知道的一点是：她需要并且想要对她自己和她的生活感觉良好，但当她与你纠缠在一起时，她便不能自主且自律地去完成这件事情。

因为你对她来说，是那么伟大、那么重要，她不得不将自己大量的注意力倾注在你的身上。然而，在她对你如此崇拜和追随的过程中，你无意中对她的训练，让她把她自己和她真实的自我分离开来了。她是如此深沉地爱着你，并与你朝夕相处，与你长久地纠缠着成长起来。她认为她无论如何都能找到她自己，但事实证明，她不能。

她不能既成为你想要的样子，又成为她自己想要的样子。

因此，她在反复思量后找到了解决之道，至少，她首先需要一些属于自己的空间，因为她缺乏能让她进行自主实践和自律实践的机会。当她得到应有的空间后，她就可以重新训练自己，从而让她的身体、心灵、言行举止，与她究竟是谁，以及她想成为谁保持一致。

她热爱自己的生活。她因为自己的一切自我感觉而欢欣鼓舞。她喜欢每天醒来后感觉自己充满活力，并且对今天要做的一切充满期待。她想谈论快乐的事情，她想看到别人最好的一面。她想满怀快乐和希望地去面对自己想关注的事物。当她和你紧密纠缠时，她也许能在一小部分时间里这样去做。但你们俩相互纠缠的时间越长，你们俩的关系越密切，她就越无法获得这些应有的快乐。这就变成了一场挣扎，这场挣扎会让她的生活变得一塌糊涂。

因此，我们应该转换一下对双方生活方式的规划。她会选择让自己感觉欢欣舒畅，她也会尽自己所能使你欢欣舒畅。虽然她也许会在日记上写下一页又一页她所爱着的关于你的一切，但她并不应当为你的感受承担任何责任……然而，你却曾每天都在试图让她为此负责。但那并不是她的责任，而是你的。

她对你应有的承诺应当是，她会尽可能地去感受快乐，但永远不会让你为她的感受负责。

还有，希望你能了解，我能看到你的一切。我能看到你的伤痛和恐惧。

我知道，你可能会认为，我试图在你和你的女儿之间制造更加难以跨越的鸿沟；我知道，你可能会认为，你的女儿希望我来帮助她逃避她应该承担的责任；我知道，你可能会认为，我只是听到了关于你们的故事的一面之词，我们正在联合起来对付你；我也知道，你的女儿可能对你存在虐待行为。你的女儿可能才是那个难以相处的对象。我曾经就是个难以相处的女儿，也许直到今天，我的母亲依然那么认为。

我所做的工作，不是要在你和你的女儿之间制造分歧，或者让你的女儿和你处处对着干。我工作的目的，是帮助你的女儿从你们交互缠绕的关系中分离出来，从而让她发现属于自己的信念、思想和感受，并为此独立地承担起一个成年人应有的责任。

我的贡献，就是帮助你的女儿成为她想成为的女性：富有创造力、自信强大、波澜不惊。

因此，当我谈论分离时，并不是建议你们不尊重对方，或者建议你们双方老死不相往来，而是希望你们两个都拥有健康的界限，并且相互尊重，从而成为情感上独立自主的女性。

我可以肯定一件事情，那就是虽然过去我曾经憎恨自己，但现在，我不仅爱自己，而且尊重自己。渐渐地，这种爱和尊重，从我身上延伸到了我的母亲身上。

当我能对自己的思想和情绪负责时，我就能对自己的行为负责，从而停止对她无尽的责备。这就是我在我的著作、线上援助、工作坊和线下一对一咨询中所教授的内容。

为自己负责，这就是我们的自由、平静和幸福之所在。这可能是一项艰难困苦的工作，作为一名女性，必须要做好准备，以便能在不断的修炼和成长下，最终达成这个人生的终极目标。这是我为自己做过的最艰难但也最棒的事情。

因此，亲爱的本书女性读者的母亲们不要害怕。你的女儿，其实是一位和你一样的女性。

这本书既是写给她的，也是写给你的。

不再

自我折磨

自我挣扎

自我憎恨

第 26 章

读者来信及问答

读者来信

亲爱的卡伦：

您好！

最近，在我与母亲进行交谈后，我的心中充满了焦虑。我想，你一定觉得我的故事似曾相识。

在我6岁时，我的母亲和我的父亲离婚了。我的父亲工作起来非常认真努力，但更为人尽皆知的一点是，他四处拈花惹草，脾气暴躁，并且有严重的情绪管理问题。尽管母亲改嫁给了一个好男人，并获得了一段长久安定的婚姻，但在我的印象中，她依然会不断地对着我斥责我的父亲，然后再补一句：“但你要记住，他仍然是你的父亲啊！”

几十年来，在母亲不断絮叨父亲如何欺骗她和虐待她之后，我也习得了她对我父亲的厌恶之情，并且我无法从他身上看到任何积极正面的部分。但现在，我已经与这样的他达成了和解，我将他认定为一个尽管存在着某些缺陷，却也努力去竭尽所能的人。

上了年纪的母亲患上了轻度的阿尔茨海默病，她偶尔会将我的父亲的旧事挖出来反复咀嚼。她最近要来了一份关于父亲的讣告，边读着，边把我叫到跟前，继续絮絮叨叨地念着他的不是。我感到很受伤。我知道，无论我做些什么来让母亲停止对父亲的负面评价，都是徒劳无功的。这么多年来，我已经反复尝试多次去扭转这种情况。母亲每次说起父亲的坏话时，我都告诉她，这感觉像是她在用刀子狠狠戳我的心脏，然而她并不会因此而做出改变。

我试着远离这些感觉，但即使在我写下这些文字的时候，它们仍然在某个地方存在着。我不知道这是不是因为我把母亲对父亲的指责太放在心上了……没有一个女儿愿意看到，自己的父亲有一个如此不堪的形象。

祝好

读者

卡伦回信

亲爱的读者：

您好！

是的，我能理解你所说的情况。很多女性会在这种情况中找到共情之处。说到这里，我的脑海中浮现出了一个记忆片段，有一次，当我问母亲，如果能回到过去并且重新做出选择，那么她会选择我的父亲还是我的继父呢（这两位都与她离婚了）。她对我说：“卡伦，你的父亲是个彻头彻尾的失败者！”

我号啕大哭，哭得比以往任何时候都更心碎、更漫长（我绝对没有夸张）。

当时的我还不明白的事情是，我的绝望、悲伤和愤怒不是由她所说的话引起，而是我对这些话赋予了意义：我不是浪漫爱情的结晶，而是偶然错误的后果。我将她的话理解为轻蔑和鄙视。我无法想象，一个母亲竟然可以对她的女儿说出这样可怕的话来。

另一件我现在明确而曾经不懂的事情是，我

和我的母亲之所以在感情上纠缠难解，是因为我们的关系没有界限。如果我能拥有更好的界限，我就不会向她问出这样的问题，而如果她能拥有更好的界限，她也会以不同的方式来处理这种情况。这样一来，我就永远不会因此而责备自己的存在，或者永远不会因此而埋怨她的轻蔑和鄙视。

现在，我会选择不去向我的母亲提出这些问题。如果她在我的面前对我的父亲吹毛求疵或者怨声载道，我就会让她知道，这个话题不值得进行讨论。我在这个问题上设立起的界限，是十分明确且不容置疑的。

因此，虽然你不能制止你的母亲对你的父亲进行负面评价，但要求她不要这样去做，却是有其实际意义的。

关于界限，这里有两种类型的对话方式可供你进行参考（详情请参阅第13章）：

（1）请求－益处式对话："妈妈，如果你能不对父亲进行负面评价，那么我会不胜感激。如果我们能避开这个话题，那么我们的关系会更加牢固。"你可以根据自己的需要进行修改。

（2）请求-结果式对话：“妈妈，请不要在我面前对父亲的所作所为进行负面评价。如果你继续说下去的话，那么我就会挂断电话或离开房间。”

同样，你也可以问问自己，当你的母亲在你面前对你的父亲的所作所为进行负面评价时，你为这些言论赋予了什么样的意义。通过这样去做，你可能会找到一些平和与安宁。

你觉得如何？

祝好

卡伦

读者来信

亲爱的卡伦：

您好！

母亲总是搬弄我的是非，家人们因此对我意见很大，面对这种情况，我究竟该如何是好？

祝好

读者

卡伦回信

亲爱的读者：

您好！

听到你的母亲在编造一些不利于你的虚假事件，我为你感到非常难过。

首先，不如让我们来假设，她所说或所做的一切，都是她在这一生中所经历过的一切的结果，包括她的父母对待她的方式，她的恐惧、防御方式、信念，等等。

其次，即使她现在所说出的一切，似乎都是直接针对你或者关于你的，也让我们假设所有这些都与你无关。

最后，尽管看起来可能并非如此，但还是让我们假设，她正在经受着痛苦的折磨。说出不友善、不真实的言语，其实也是经受着痛苦折磨的一种形式。但是，这并不意味着她的痛苦是你的责任。这只是给你发出的一个信号。现在让你的思绪暂停片刻，深吸一口气，然后问自己："我相信什么？我想相信什么？我想感受什么？我想在这一刻如何表现出某一行为？”

这样一来，你将会经历更少的痛苦，并体验到更多的自由。

当你练习不将你的母亲说出或做出的任何事情都往自己身上揽时，你可能就会发现，她对你的影响停止了。而当你去相信她那些不真实的言辞中所呈现出的内容，并将她的痛苦一并承担在自己身上时，你就会发现这只是一种虐待。你要知道，你的声誉和价值，并不取决于你的母亲说了些什么、做了些什么、相信些什么。

如果有必要的话，你可以直接转身离开，而不是给自己制造更多的痛苦和折磨，你也不必非要让她相信，你是一个有价值的好女儿。你的存在本身就是有价值的。

而至于你的家人……

安妮·拉莫特曾说：“……如果我们想要获得自由，那么我们就必须让每个人都能得到自由。我本人非常讨厌和憎恨这一点。这意味着，我们必须允许我们的家人和整个星系中的人都能自由自在地生活，哪怕他们活成多么让人难以置信的样子。然而，这并不意味着我们必须与他们一起吃午饭，或者与他们一起度假。但我们必须让他们自由。”

我真的超爱拉莫特，因为她能如此真实地将自己的观点表达出来。

祝好

卡伦

读者来信

亲爱的卡伦：

您好！

当我在这种断联的黑暗中摸索着前行时，我感觉好多了，也知道这样对我来说最有利。但是，母亲把我的父亲和我的妹妹都拉进了这场混乱中，这便使得断联变得越来越困难，它成了我生活中巨大的压力源。我的母亲拒绝跟我联系，我的父亲也不跟我联系，我的母亲还每天都问我的妹妹，有没有跟我说过话。此外，我的母亲现在还在她的社交媒体上发布了一些负面而咄咄逼人的“毒鸡汤”式推文，比如“我只需要那些同样也需要着我的人，存在于彼此的生命中”。

现在，我在内心中反复挣扎，要如何重新与母亲进行联系。我们已经断联了一个月，但我不想这一切失去控制。我正努力坚持自己的立场，但让我充满恐惧的一点是，越来越多的人正在卷入这个漩涡。我不想让这种局面发展得越来越难以掌控。尽管我对她的自恋有了新的认知，并且她对我的思想和情感的控制欲有了新的认知，但我不确定自己是否真的准备好了再次与她进行联系。在我的界限设立好之前，并且在我成功获得足够的支持之前，我不希望自己毫无准备地重新跟她进行联系，但我也不喜欢他们三个形成统一阵营，联合起来对付我的感觉。

您的任何建议或帮助对我来说都意义重大，非常感谢！

祝好

读者

卡伦回信

亲爱的读者：

您好！

在我回答你的问题之前，让我先来说一句我经常说的话：我的工作是帮助你按照自己的方式生活，而不是告诉你该去做些什么……对于我们这些有着“母亲问题”的人来说，这可能会让人感觉到不舒服，也可能会让人感觉到新鲜和温暖的气息。

现在，想象一下我们正在面对面地喝茶聊天，好吗？

让我先来分享我自己的故事……也许它能帮助你判断，我的做法是否适合用在你的情况上。

2010年底，当我在表面上与母亲断绝关系时（因为她在一封电子邮件中对我说了一些我认为是“最后一根稻草”的话），我将这当成了我们之间的永别。那是我当时坚决无比的决定，因为我实在已经忍无可忍……她的功能失调了。

虽然那时的我并不能为当下的情况做出什么

总结，但我现在能看到的是，我在情感上与她相互纠缠在了一起，也就是说，我无意识地相信，无论她是否在我面前，她都会激起我的感情波动。尽管我们再也没有见面，再也没有交谈，但我仍然跟她“牢牢地拴在一起”。我总会在脑海里翻来覆去地想着很多关于她的事情，我也总是跟任何愿意聆听的对象不断地谈论她。

几年后，当我刚开始接触并学习我现在所教授的许多技能和工具时，我既兴奋又充满期待地将它们付诸实践，并相信它们一定能让我们的关系“破镜重圆”，甚至能让关系在“破镜重圆”之后“固若金汤”。而现在，当我想到这些时，我对自己的傻气报之一笑。

我在那时没有意识到的事情是，唯一能让我感觉更好的事情，就是专注于我自己——我的思想、我的情绪、我的行动。一开始，我并不想这么做，因为我面对母亲时既“被动”又“抵抗”。我几乎没有意识到，我甚至也会有自己的想法和情绪！

我从不信任我自己，因为离开了她，我就会

不知道自己是谁。

暂且中断一下我们的关系的做法，有助于我去了解自己。在这样做的过程中，我变得更“像我自己”了。无论她是否出现在我面前，我都更喜欢、更尊重、更信任自己了。我的一切思想行动，都能基于属于我自己的价值观和喜好而发生。

你提出了如何再次开始和母亲建立联系的问题，在我回答这个问题之前，这里有一些内容需要你去认真考虑：

- 你为什么希望重新建立联系？
- 你希望从重新建立联系中获得什么？
- 你喜欢并尊重自己所说出的理由吗？
- 哪些价值观对你来说很重要？
- 你的喜好是什么？
- 你如何向自己传递善意？
- 你需要先行设定并建立起哪些界限？
- 如果你的界限受到了侵犯，那么你是否相信自己能捍卫它？

归根结底，这与信任自己，以及专注于你现在想要、需要的东西有关。在我们的文化中，女性通常不会因为这样做而获得奖励，她们往往会受到只可意会不可言传的惩罚。因此，在很多时候，恐惧和内疚往往会与此相伴而生。

对自己善良一点，并不意味着你就要对别人不善良。做个善良的人，永远是没有错的。

最后，无论你现在已经做出了什么选择，你都可以随时对它做出改变。放轻松。

祝好

卡伦

读者来信

亲爱的卡伦：

您好！

如果母亲去世了，那么你会如何处理功能失调的母女关系呢？我原以为自己能应对好母亲的离去，但说实话，我做得并不像我自己想象中那样好。过于频繁的自言自语反而让我变得更加消极，然后愤怒也会不知不觉地潜入我的思想。我想相信并保持积极的回忆，这本来应该是一个成长的机会，但最终却让我更深地体会到了痛苦和伤害！你对此有什么建议吗？

祝好

读者

卡伦回信

亲爱的读者：

您好！

在母亲去世后，本就复杂的母女关系可能会变得更加复杂。

我的第一条建议是，不要去批判你自己，或者你的情绪（无论它们是积极的还是消极的）。你只是一个普通人，你就是为了体验人类的情感而生的。

同时，你也要知道，没有任何一种情感是"错误的"。

当有人去世，尤其是当这个人是我们的母亲时，如果我们认为自己“应该”产生某种特定的感觉，那么我们就为自己制造了额外的痛苦……我们会想，如果我们所感觉到的东西不是我们认为自己应该感觉到的东西，那么自己一定是出了问题。

然而，情绪并不能证明任何事情，它们只是你在思考后，身体中所产生的一种能量的波动。

有时，这种波动是令人非常不舒服的。愤怒、痛苦和伤害都令人难受。也许还会有一些遗憾和内疚，再加上悲伤……哇，你就像打翻了一个巨大的五味瓶。

这些情绪的产生都不意味着你不好、你坏掉了，或者你哪儿出了问题。所有这些都仅仅意味着，你是人类。

话虽如此，但在日常生活中，要切身感受那些不愉快的情绪，有时甚至是彻头彻尾的痛苦情绪，也是非常困难的。

因此，以下是能让你自己感觉更好的5个步骤：

第一步：保持觉察。觉察并注意那些不舒服的情绪在你身体里的实际感受，并以同情的态度来关注它们。不要评判自己或自己的情绪，打个比方，愤怒并不丑陋。尽量不要分散你的注意力，或假装你的情绪不存在。

第二步：允许存在。让你的情绪就存在于它存在的地方。尽量不要去对它进行奋力抵抗、做出激烈反应或分散注意力。你要试着释放这些想要进行抵抗、做出反应或分心的感觉。你要允许自己感到不舒服。

第三步：识别确认。识别并确认出你的具体情绪，大声将其说出来或写下来。越具体越好。不要只说“我情绪低落”，而是找到一个具体的词，比如生气、痛苦、受伤、悲伤、麻木、沉痛、后悔。有意识地对消极情绪进行准确识别，有助于降低其影响。

第四步：详细描述。就像第一次有了感受的火星人描述这种全新的概念那样，描述这种感受带给你的详细体验：它处在你身体的什么地方？它是什么颜色的？它有纹理和质地吗？它有温度吗？它让你产生了什么样的生理感受？

第五步：允许感受。当你允许自己去感受那

些消极情绪时，你可能就会发现，一些积极的情绪也会随之而来。

在绝大多数情况下，这个过程会使任何情绪在几分钟内就弥散开来，消失不见。情绪只不过是一种波动，在流经你的身体之后，它就消失了。

但有些时候，一些情绪不会很快就消失，比如沉痛。你可能会有一种一直挥之不去的沉重、抑郁或者焦虑的感觉。我要再次强调，这并不意味着你做得不对……你可能只是需要将这5个步骤再多重复操作几次。

V一个记忆重点

选择好好同情自己，这些情绪会像波浪一样起伏涨落。如果不对它们进行奋力抵抗、做出激烈反应或分散注意力，那么它们就会比你想象中消散得更快。

V一种写作框架

在母亲去世后，你为你的愤怒、痛苦和所受的伤害赋予了什么样的含义（关于你、关于你的母亲、关于你们之间的关系）？有没有其他方法可以让你感觉更好？这些方法是什么呢？

一项实践练习

轻轻地把手放在你的心口之上。这是一个小小的自我同情之举，已经有研究表明，这个动作可以让大脑中负责战斗或逃跑反应的部分冷却下来，并重新激活大脑中具有创造性和解决问题能力的部分。

好好地去感受悲伤吧！

祝好

卡伦

读者来信

亲爱的卡伦：

您好！

我的母亲总是能做出最伤人的评论。无论是对我的体重（无论我是重了还是轻了）、我的发型（她说太狂野了）、我的孩子（因为我没有像她抚养我那样去抚养他们），还是对我的丈夫（她说他太安静了），她总能冷嘲热讽一番。

我会尽量试着不去让这些评论扰乱自己的心境。有时我会成功，而有时一旦失败，我就会崩溃掉。但老实说，即使我没有崩溃掉，我也会受到这些话语的困扰。我要怎样才能随它去呢？

祝好

读者

卡伦回信

亲爱的读者，

您好！

我认为，这可能是最普遍的母女关系。

当我收到这封来信时，我决定向我的一些朋友和服务对象提出一个问题："在你的母亲对你说过的话中，最让你感到冒犯的话是什么呢？"

以下是她们给出的一些答案：

"这可真难得啊！"或"他早就该这么做了！"（当我的丈夫为家里做了一些事情时，她会表现得异常夸张、惊讶，就好像他做了一件从未有过的大事一样，因为他平时不会依从她的喜好。）

"你应该为自己感到羞耻。"

"你的屁股怎么还是这么大？"（在我瘦了35斤之后。）

"我真替你感到丢脸。你以为你是谁？别这么粗鲁无礼。你可真是个超级女明星啊！"（在她感到烦躁或者失望时，她就会说出这些话，同时还会伴随一系列的组合动作，包括翻白眼、摇头晃脑、叹气等。）

“如果我伸手去够食物时被她看到了，那么她就会朝我发出猪叫声。”

“你永远不会知道你给我带来了多少麻烦。”

“你看起来真是糟透了！”（在我32岁，没有化妆，也不再染发的时候。）

“你以为你是条狗吗？洗完澡后只要甩甩毛，你的发型就完成了？”

“你有个像球一样大的屁股。”

“现在我知道的你丈夫为什么和你离婚了。”

“我真高兴你没有另一个孩子。”

当我们还是孩子（甚至在20多岁）的时候，作为大脑中较高级的部分的前额叶皮层还没有发育完全，因此，我们不能足够客观和理性地进行思考。由此导致的结果就是，我们会更倾向于将周围事物与自己高度关联起来。因此，周围发生的事情，以及身边其他人的言语，对我们来说都是有意义的。

女孩甚至成年女性寻求来自母亲的认可和支持，这是再正常不过的事情，这也是一种天然的倾向。因此，当我们因为母亲说的一些话而认为她否定了我们时，我们就会产生被冒犯、受伤、恼怒，甚至毫无价值的感觉。因此，我们就会退行到幼稚的自我，此刻我们已然发育完全的前额叶皮层，会被我们大脑中更原始低级的部分取而代之。

一般来说，如果你的母亲对你自己、你的孩子、你的伴侣所说的话冒犯到了你，那么可能是因为，你在某种程度上对她充满信任和依赖，也可能是因为，你认为她的话语中所传递的信息是负面的或不好的。

如果你不信任她所说的话，如果你不认为她所说的话是负面的，那么你就不会像这样感到被冒犯。

我知道，要改变多年来根深蒂固的信念并非易事。如果你能意识到，你现在所持有的信念并没有对你的生活产生益处，同时，如果你能让自己足够好奇地觉察并注意到，这些信念会在何时何地出现，以及它们在你体内让你产生的感受为何，那么你就能有效地放弃固有的错误信念，就像俗话说的那样，假的真不了。

一旦你意识到了自己才是将母亲的话语赋予意义的主人，你就会知道，防止消极意义对你生活产生影响，是你能力范围之内的事情。这就是改变自己的信念的魔力之所在！

那么，要如何开始改变呢？

1. 写下一件事，在这件事中，你的母亲的所作所为让你感到自己被冒犯了。

2. 问问自己，为什么你会觉得，如果母亲当时能不对你说出这些打击性的言语，那么你的感觉就会更好。你可以更深入地问自己，在这种特殊情况下，为什么获得她的认可对你来说会很重要。

3. 你相信她所说的话是真的吗？如果你觉得是的话，那么原因为何？

4. 你相信她所说的话是消极的，或者不好的吗？如果你觉得是的话，那么原因为何？

5. 关于你的母亲所说的这件事，你想要去相信哪一部分？

6. 相信这一部分令你感觉如何？

7. 重新设计这一段对话和情景。我的母亲说：“（在这里插入她所说的一切）。”我不同意她的观点，也不认为（在这里插入她所说的一切）是件坏事。我想相信的是（在这里插入你所相信的内容）。

8. 你能否找到有效的论据来支撑你的论点？将其写下来。

从我个人的经验来看，我将自己的价值感与母亲的认同和支持解绑的程度越深，我就越能平心静气地应对这一切。

祝好

卡伦

第 27 章

本书的结束方式

现在，我们在这本书进行的修行之旅已经接近尾声。你已经不再是刚捧起这本书时的那位女性了，而我，也肯定不再是刚提起笔开始写这本书时的那位女性了。

是什么发生了变化呢？你的新生活是什么样的？你的新人生故事是什么样的？你设定并建立起了什么样的界限？你对自己做出了什么承诺？你遵守了什么承诺？当谈起或处理你跟母亲的关系时，你在哪些节点上觉察到并停止了过去“理所应当”的思维定式？你是如何开始照顾自己，并满足自己的需求的？你有将自由和自主付诸实践吗？你需要在哪些部分多加练习呢？

你可能会感到有些紧张无措，心也高高地悬着，你不敢肯定是否真正能依靠自己的力量达成这个目标。而我对你所抱有的期望是，无论你选择如何去做，你都要把自己放在第一位，为你自己而不是为你的母亲去进行这项工作。我可以肯定的是，你因为进行这项工作而实现的意识的觉醒，会是你人生中的无价之宝。

我曾在一个工作坊上听到一位女士这么说：“当你能掌控自己的故事，而不是让自己的故事掌控你时，你才能真正地去帮助他人。你会知道，在自己的内心深处，是什么‘原动力’在激励你不断前行 。”

以下是我前行的“原动力”。我之所以热衷于帮助女性转换她们与母亲相关的生命故事，是因为：

这个世界需要那些对自己充满骄傲自信、对创作充满激情的女性。当女性对自己充满自信时，她们便能在这世界上光芒四射地存在，并且能表现出惊艳世人的创造力。

她们是出色的、绝妙的、了不起但绝非完美的朋友、伴侣、妻子、母亲、姐妹。她们自爱自信，她们努力成长，她们之所以会这么做，不是因为她们很绝望或者苦苦渴求着去证明些什么，而是因为她们对纯粹的幸福快乐和生命活力的向往和追寻。

当女性对自己充满骄傲自信时，她们是了不起的科学家、教师、舞蹈家、政治家、作家、工程师、诗人和企业家。

当女性对自己充满骄傲自信时，她们的肌肤也会变得柔软明亮,光彩熠熠。她们不仅能给予自己充分的照顾，也能因此而滋养他人。

当女性对自己充满骄傲自信时，她们能成就所有属于自己的可能性。

她们，就是一切皆有可能的最好说明。

但是，在以父权为主导的西方文化中，功能失调的母女关系和生命故事根深蒂固，代代承袭，这使得一些女性不得不作茧自缚：她们害怕对自己充满骄傲自信，害怕创造，害怕闪耀，害怕把自己放在第一位。

我和我的母亲曾处在相互折磨、相互依赖、相互纠缠、功能失调的母女关系中。因此，我曾给自己书写了一个生命故事，这个生命故事多年来一直将我紧紧绑住，令我压抑窒息。这个故事是这样的：我很可悲。我很糟糕。我不配拥有一切。我不能相信自己。我不能照顾自己。我应该为自己感到羞耻。

因为这个故事，以及我对这个故事的感受，我感受到了痛苦、被动、抗拒和恐惧。我是一个差等生，我是一个暴饮暴食者。随着年龄的增长，我开始纵情声色，因为我认为这是让男人爱我的唯一途径。我甚至嫁给了一个为了获得绿卡而不惜利用我的男人。我毫无节制，入不敷出，最后只能宣告破产。我会狠狠伤害那些我所深爱的人。

但我的生活并不是一场彻头彻尾的灾难，我只是在自己长长的人生旅途中，趴在手中的方向盘上短暂地小睡了一会儿。那时的我，并不知道自己能做些什么、真正想要些什么，以及应当为自己争取些什么。

在那时，一想到自己需要设定人生目标和“担起责任”，我就十分害怕。我的焦虑感严重得直要冲破天际。而让人感到诡异的一点是，这种严重的恐惧感在别人身上会表现为反胃呕吐，但在我的情况中，这种恐惧却表现为几近瘫痪的僵直，在冬季情况尤甚。这更加剧了我的依赖感，有时我甚至觉得，自己根本不可能离开母亲一步。这种可怕的情况持续了很多年。但是现在我明白了，当时的自己其实正在和创伤后应激障碍进行着艰苦卓绝的斗争。我现在也同样意识到，在创伤后应激障碍之后，创伤后成长也会来临，我得以涅槃重生。

通过接受各种传统疗法和非传统疗法，以及大量阅读关于自恋母亲和爱无能母亲的相关著作，我逐渐开始觉醒。虽然治疗和书籍解开了很多困惑，让我觉得自己并不孤单，但它们也提供了一个借口，我可以凭借这个借口对一切进行合理化解释并放弃自救。那个将我牢牢掌控的生命故事便演变成了这个样子：因为我的母亲始终如一地这般行事，所以我已经没救了。任何改变对我来说都已经太晚了。我已经彻底损毁了、破碎了，我的人生命中注定就是这个样子。

对自己，我绝无任何骄傲自信可言。

尽管我也会时不时地体验到自己所拥有的真实、强大的精神内核，但那个我一直在跟自己反复强调的生命故事，却长久而霸道地支配着我的人生。而且，我早已习惯了这种臣服于他人的生活方式。最重要的是，我会下意识地担心，如果我表现出了真实的自己，那么我的母亲就不会再认可我或者爱我了。我当然能证明这一点……可不是吗？除非你屈从于她的欲望，否则你的母亲就不会爱你，既然这样，那么谁又会去冒这个险呢？

通过将写作（这是我的头号疗法）和强有力的督导相结合，在几年的时间里，我不仅从母亲的支配中解脱了出来，也从那个支配我已久的关于我们不良母女关系的故事中解脱了出来。我找回了自己——一个强大、自主的女性，一个了解真正的创造力的本质的女性。

同样地，我与重要他人的关系，包括与我的丈夫、继子女、姐妹和朋友等的关系，也变得更加健康和牢固了。为什么？因为我在过去所表现出的自己并不是“真正的”自己，因此，我放下了面具，以自己真实的面貌和他们相处。

最重要的是，我为一个最重要的人感到无比骄傲、无比自信，这个人就是我自己。

如果我说自己已经达成了目标，摸到了胜利的终点线，那么我就是在撒谎。关于我和我的母亲的关系，是一个永远不会完结的生命话题。现在，与其说我对此感到害怕惶恐，倒不如说我找到了某种让我乐在其中的关系平衡。保持觉察的关键，就是运用书中提供的工具和方法进行持续不断的练习。

我的任务就是来帮助你，来帮助你对自己感到骄傲自信，来帮助你移除不良状况的触发器，来帮助你设定和建立起良好健康的界限，来帮助你重新定义你与母亲之间的更健康的关系模式（如果这是你想要的），来帮助你最终理解你的生命故事，让它们不再令你感到痛苦。说不定你的母亲也会对参与这些工作感兴趣！无论当下你正身处自己生命旅程的哪个阶段，这个阶段都是一个适合做出改变的新起点。当你扩宽你的思路去寻求改变时，这些练习同样也适用于你的母亲。

致　谢

我非常感谢以下各方的支持、鼓励和启迪：

克里斯滕·莫勒既是个探索者和作家，也是我的朋友、养育者和经纪人！你对我和我的著作充满十足的信任，因此，我永远对你心怀感激。

布伦达、朱莉、萨莉、克丽丝滕和南希，感谢你们这些姐妹淘。

劳拉·蒙森，感谢你帮助我将写作提升到灵魂的高度。

感谢布伦达·奈特，她是本书的策划编辑。

辛西娅和多萝西，我始终坚信，你们曾经是并且将永远是我完美的母亲和外祖母。感谢你们给我教授的人生课题，包括那些困顿与努力，欢笑和泪水，感谢你们给我的所有一切。

蒂莫西，这个不是第一个爱我，却最爱我的人……感谢你在我学会如何去爱自己之前，就爱上了我。如果我能知道究竟什么是爱，那么也皆因有你。谢谢你，最亲爱的、最可爱的蒂莫西！